iPhone 应用开发入门

（按拼音顺序排列）

陈　刚　陈泽宇　申瑞民
张　锋　张　怡　周家骥　编著

上海交通大学出版社

内 容 提 要

本书主要介绍 iPhone 开发环境、开发编程、测试以及发布销售的全过程，帮助愿意从事 iPhone 开发的中国开发人员快速进入这个领域。全书分 9 章，分别介绍：开发环境；Objective C；开发工具；iPhone 的 UI 编程；iPhone 特性；网络、媒体与 3D；调试工具；应用开发与发布工程；PistolDuel 示例代码。

本书内容全面，结构清晰，注重实践，包含了开发经验的汇集和总结。特别适合具备基本的 C 语言编程能力、愿意从事 iPhone 开发、希望快速入门的人员。

全书图文并茂，便于自学，有广泛的适应面，可以作为移动设备开发相关培训的教材，也是 iPhone 开发人员实用的入门参考书。

图书在版编目(CIP)数据

iPhone 应用开发入门/陈刚等编著. —上海：上海交通大学出版社，2010

ISBN 978-7-313-06433-2

Ⅰ. i... Ⅱ. 陈... Ⅲ. 移动通信—携带电话机—应用程序—程序设计—技术培训—教材 Ⅳ. TN929.53

中国版本图书馆 CIP 数据核字(2010)第 077466 号

iPhone 应用开发入门

陈 刚 等编著

上海交通大学出版社出版发行

(上海市番禺路 951 号 邮政编码 200030)

电话：64071208 出版人：韩建民

上海崇明南海印刷厂 印刷 全国新华书店经销

开本：787mm×960mm 1/16 印张：12.5 字数：233 千字

2010 年 6 月第 1 版 2010 年 6 月第 1 次印刷

印数：1～3 030

ISBN 978-7-313-06433-2/TN 定价：38.00 元

前　　言

本书作者在 Apple 推出 iPhone SDK 和 App Store 模式后，即开始面向 iPhone 和 iPod touch 开发游戏与应用，已经完成了包括 FarmLand、iHorse、iCheese、BeerDuel、Magic Fluid、iDomino、Orient Brush、农家乐、和谐动车、地铁上海等在内的多款游戏，并都已成功上传到了 App store 平台上销售。可在 iTunes 上搜索以上游戏或 iMouse，或访问 http://www.imouseonline.com。

2009 年 2 月 18 日，本书作者发布了其开发的一款免费游戏(多米诺骨牌欣赏版，iDomino Lite)，第 11 天下载量突破 1 万次/日。到 4 月 12 日，全球下载量超过 45 万次，并且在法国、瑞士、比利时、希腊、匈牙利、意大利、挪威、土耳其、卢森堡、以色列、捷克、波兰等国家的 App store 中，iDomino Lite 在免费排名榜中位居前 10 名。

本书作者还开发了 FarmLand(中文版"农家乐")与 FarmLand2，被 Apple 公司评为"全球精品应用(New & Noteworthy)"，曾在 iTunes 首页栏目中得到推广。

在实际开发过程中，作者发现可以学习参考的书籍资料并不多，特别是中文书籍资料基本处于空白状态。为方便中国希望从事 iPhone 开发的人员，将自己的实践经验进行汇集和总结，编写了这本《iPhone 应用开发入门》一书。本书包括开发环境、开发编程、测试到发布销售的全过程，希望以此帮助愿意从事 iPhone 开发的中国开发人员快速进入这个领域。

本书主要针对的读者：具备基本的 C 语言编程能力，愿意从事 iPhone 开发，希望快速入门的人员。

作者排名先后按照汉语拼音顺序。

本书得到上海交通大学继续教育学院员工基金的支持，同时作者也感谢上海交通大学继续教育学院和上海交通大学 e-learning lab 的大力支持。欢迎 iPhone 开发人员提出意见与建议，欢迎与大家联系交流。

声明：

本书中的 Xcode、Apple 及其商标 iPhone、iPod touch、Mac、Mac OS、Macintosh 是美国 Apple 公司的注册商标，相关图表引自 Apple 公司的有关文档。

目　录

为配合教学和读者练习，第九章 PistolDuel 示例代码已上传至上海交通大学出版社网站(Http://www.jiaodapress.com.cn/)，读者可自行免费下载，或联系我社编辑王华祖索取，电话 021-61675235。

1 简　介

1.1 为何学 iPhone 应用开发

2008 年 8 月，SUN 的一位工程师与妻子不得不为钱而伤透脑筋：房贷到期却无力偿付，孩子的医疗费用不断增加，更让他们感到绝望的是 SUN 又冻结了当年度的员工分红。他们迫于现实开始出售自己的房子，并不得不寻找新工作。突然，一篇以前读过的文章闯入工程师的脑海：有人因为写了一个 iPhone 电玩应用程序而很快赚到了钱。

现年 30 岁的工程师从小喜欢玩射击电玩，他决定试试编写电玩应用。于是，一套 iShoot（图 1-1）的应用于 10 月 19 日正式出现在苹果应用商店里。第一天，每套 4.99 美元的 iShoot 就让他赚到了 1 000 美元。2009 年 1 月，他又推出了一个免费版本，刺激付费版本的销售量，结果大获成功，许多人都升级为付费版本。iShoot Lite 被下载的次数超过了 200 万次，并且创造了在 1 月 11 日一天卖出 1.7 万套的最高纪录，当天这位工程师的收入就达到了 3.5 万美元。

图 1-1　iShoot 游戏界面

启示:21世纪,将是移动设备的天下,移动游戏/应用是互联网后的又一个值得挖掘的、不能再错过的“金矿”。

通过本书的入门学习,你将学会如何在iPhone OS上开发游戏/应用,学会如何向全球发布自己的游戏/应用,开始创业打工,立即开挖自己的“金矿”。

1.2 需要怎样的开发环境

iPhone应用开发需要如下的硬件软件开发环境:

(1) 1台电脑(必须),建议最好是Apple电脑。

(2) 电脑上安装Mac OS Ⅹ操作系统(必须)。

(3) Mac OS Ⅹ操作系统上安装iPhone SDK for iPhone OS开发包(必须),该开发包中包含iPhone模拟器。

(4) 1台iPhone或iPod touch(可选),建议最好购买,用于在真实移动设备上调试应用/游戏,观看实际效果。

(5) Apple公司的相关开发证书(必须,在iPhone上进行调测或在App store上发布应用时需要),由自己申请加入iPhone开发计划(个人:$99/年)。

该硬件软件开发环境可以用图1-2表示。

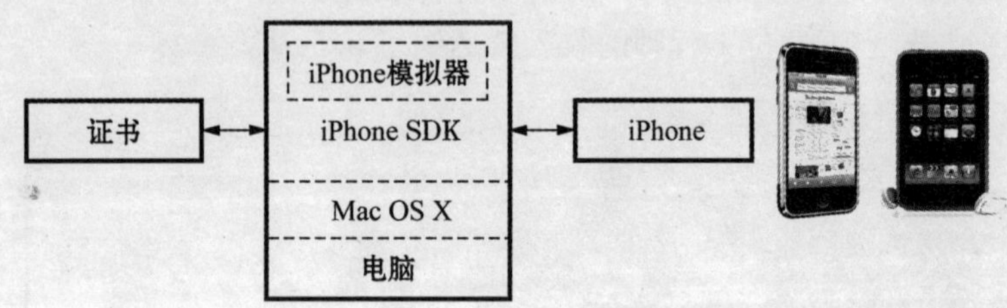

图1-2 iPhone应用开发环境

1.3 Mac OS Ⅹ操作系统

Mac OS是一套运行于苹果Macintosh系列电脑上的操作系统,是首个在商用领域成功的图形用户界面操作系统。Mac OS可以被分成操作系统的两个系列:一个是老旧且已不被支持的“Classic”Mac OS(系统搭载在1984年销售的首台Mac与其后续机型上,终极版本是Mac OS 9)。

新的Mac OS Ⅹ结合BSD UNIX、OpenStep和Mac OS 9的元素。它的最底层基于Unix基础,其代码被称为Darwin,实行的是部分开放源代码。Mac OS Ⅹ

使用基于BSD UNIX的内核，并带来UNIX风格的内存管理和抢占式多任务处理(pre-emptive multitasking)。大大改进了内存管理，允许同时运行更多软件，而且实质上消除了一个程序崩溃导致其他程序崩溃的可能性。Mac OS Ⅹ有一个兼容层负责执行老旧的Mac应用程序，名为Classic环境，也就是程序员所熟知的“蓝盒子”(the blue box)。

目前，最新的系统版本是Mac OS Ⅹ 10.5.X版，界面示意如图1-3所示。这个基于UNIX的核心系统增强了系统的稳定性、性能以及响应能力。它能通过对称多处理技术充分发挥双核处理器的优势，提供无与伦比的2D、3D和多媒体图形性能以及广泛的字体支持等功能。

图1-3　Mac OS Ⅹ界面

目前，最新的iPhone SDK for iPhone OS 3.0要求运行在Mac OS Ⅹ Leopard v10.5.7或以上版本的操作系统上。而Xcode 3.1.3要求运行在Mac OS Ⅹ Leopard v10.5或以上版本的操作系统上。

如果你的电脑是Apple电脑，那将非常简单，请升级Mac OS到v10.5.7或以上版本。

如果是PC电脑，请在互联网上搜索“PC上安装Mac OS Ⅹ 10.5.7”。例如，可以通过Google，也可以在“啃苹果”bbs.kenapple.com等论坛中去寻找资料。需要注意的是，要根据自己电脑的软硬件情况(Intel或AMD的CPU，操作系统)，寻找相应资料文件。安装方法有硬盘分区、虚拟机(如VMware)等。这台PC的处理器必须支持SSE2或SSE3指令集，内存最少要求256MB、硬盘最少要有4GB，如果要从光驱进行安装的话，还需要一台 DVD 光驱。

下面仅介绍 1 种方法供参考。

1）刻录光盘

从网络上下载一个通常是 ISO 格式的 Mac OS Ⅹ 10.5.7 安装光盘镜像文件，注意检查相应的版本说明。然后使用 Nero 之类的刻录软件直接用刻录镜像的方式将其刻录成光盘。

2）硬盘分区

Mac OS Ⅹ 的一个特殊之处在于它使用的是 HFS 分区格式，Windows 和 Linux 都不支持这种分区，甚至连一些常用的磁盘工具也不能识别它们，因此必须在安装之前为 Mac OS Ⅹ 准备好可用的分区。

已安装好系统的硬盘一般都没有可用空间了，可以将其他分区的可用空间集中到一起，并建立一个新分区。这个过程可以用 PQ Magic、Acronis Disk Director 以及 Partition Manager 来完成。

Partition Manager 具体操作方法为：运行 Partition Manager，选中已经存在的分区，点击工具栏上的“调整大小”按钮，将分区的空间缩小。挪出几处可用空间后，再将已有的分区向后移动，将可用空间合并，等可用空间达到 6GB 以上时，建立一个分区。此时，这个分区应该还是逻辑分区，将它转换成主分区。右击新建好的主分区，选择“修改”、“更改分区 ID”，然后在弹出的窗口中输入“af”(不要引号)，此时这个分区就变成 Mac OS Ⅹ 使用的 HFS 格式了。

3）光盘安装

启动电脑，设置为由光盘启动，如果引导成功的话会出现输入引导参数的提示，几秒钟后自动进入安装程序。刚进入安装程序后屏幕会显示出一个圆形的旋转光标，此时不能进行任何操作，光驱读取大概 3 分钟后才会正式进入安装界面。

第一步是要求用户选择安装的语言，Mac OS Ⅹ 支持包括简体中文和繁体中文在内的 15 种语言。

接下来是对前面为 Mac OS Ⅹ 准备好的分区进行格式化。打开顶部的“实用工具”菜单，然后选择“磁盘工具”，就会弹出一个新的窗口。这个窗口左侧会显示出硬盘已有的分区，所有分区都会显示为灰色。如果前面的操作正确的话，点击第二个分区(可能会显示为 diskos2)，底部的信息栏中会显示其分区格式为“Mac OS 扩展(日志式)”，选中它之后在右侧的窗口中选择“抹掉”，然后确认后完成操作并返回安装程序。

接下来就是许可协议了，主要是对软件的使用权限进行描述，直接点击“同意”即可。再接着是选择目标磁盘，直接选择刚才已经格式化好的分区即可。

接下来重要的是，在安装类型选择界面上，点击下方左侧的“自定”按钮，会弹出一个组件列表供选择安装。在这个列表中,"打印机驱动程序"是可以选择安装的,如果全部不安装的话可以节省大约 2GB 硬盘空间;"本地化语言"中保留的语言可以供安装系统后选择使用,一般情况下保留简体中文即可;"X11"对于普通用户完全可以不安装,这样可以比默认的安装方式省下 2GB 左右空间。

保证系统可以运行的关键一步是在这个列表中选择合适的补丁。如使用英特尔或 AMD 处理器,要分别选择对应的补丁。此外,还有针对 GMA900 的显示芯片、创新 USB 声卡、Radeon Mobility 显示芯片、VIA 与 ATI 的 ATA 总线以及无线网卡等设备的补丁。如果使用了相应的设备也一定要勾选上,否则以后再修改时会麻烦许多。

➢ SMBIOS Enablers:用于显示系统概述。台式机选择 SMBIOS-EFI,笔记本选择 SMBIOS-EFI Air。

➢ AppleSMBIOS-28:也是用于显示系统概述,选上。

➢ 内核:如果是 Intel 的 CPU 可以不选择内核;如是 AMD 的,选择其中一个,一般选择 voodoo 9.7.0。

➢ 显卡驱动有很多,以下仅给出几个示例:

(1) NVIDIA 显卡驱动,NV 显卡一般选择 NVEnabler 就可以了。

(2) ATI 显卡驱动,ATI 的显卡一般选 ATI HD。

(3) Intel 显卡驱动,GMA 950 笔记本显卡驱动,选 GMA 950 Laptop;GMA 950 台式机显卡驱动,选 GMA 950 Desktop。

➢ 其他驱动:

(1) SATA/IDE,包含各类 SATA/IDE 设备驱动,根据你的设备选择。

(2) Voodoo HDA driver,声卡驱动,这个几乎集成了目前所有声卡。

(3) Voodoo PS/2 driver,使用 PS/2 鼠标,请选择此驱动。

(4) Voodoo PS/2 mouse/keyboard driver with trackpad plugin,这个也是 PS/2 鼠标键盘驱动,包括触摸板驱动,笔记本电脑请选择。

(5) ext2fs,用于读写 ext2 和 ext3 的分区格式磁盘。

(6) NTFS-3G,用于读写 NTFS 分区格式的磁盘。

(7) 网卡驱动,看见有你电脑网卡型号的驱动就选上,没有可以不选。一般网卡能默认驱动,不行再另找。

一切设置妥当后就可以点击"安装"按钮了。"苹果"还会在正式安装之前对安装光驱进行检查,这一步会耗费很长的时间,如果确认刻录的光盘没有问题的话,可以直接跳过。文件复制完成后,系统还会花大约 5 分钟来进行一次最后的优化,然后系统会进行重启,整个安装过程到这一步就算是真正完成了。另外,需要提醒一下的是,在重新启动之前记住把光盘拿出来。

4）重启电脑

显卡和声卡都驱动成功的话，就会看见“欢迎”画面。

5）简单设置

设置账户信息。系统首先会询问用户的国家信息，然后会提示是否需要从另一台Mac计算机传输账户信息，选择第三项“Do not transfer my information”以后点击继续；至于键盘布局，选择默认的英文（U. S.）即可。接下来是Apple ID窗口，不用输入任何内容直接点击继续；注册信息一栏中，除了First Name和Last Name之外，其他的信息都可以任意填写，不过任何一栏都不能为空；再下来苹果还会询问用户的身份职业情况，去掉下面的复选框后继续，就会进入创建账户界面。需要提醒的是，这个账户密码一定要记住，以后在安装软件和进行系统设置时经常会用到。最后“苹果”还会询问是否需要购买Mac服务，两个对话框中都直接选择最后一项：不购买，设置过程就算结束，可以进入系统了。

1.4 iPhone SDK开发包

iPhone SDK for iPhone OS 3.0是一套支持在iPhone OS 3.0上开发应用的开发工具包。相比前一版本，这个版本修改了一些错误，在可用性方面进行了提高，例如更精确的iPhone模拟器。工具包中包含了完整的Mac OS Ⅹ开发工具Xcode 3.1.3，以及iPhone OS开发的SDK。SDK安装软件需要到Apple网站（http://developer.apple.com/iphone/program/sdk/）上进行下载。需要通过申请iPhone开发者计划（iPhone Developer Program）来获得包括SDK安装软件在内的资源，以及得到证书等支持，以便在iPhone/iPod touch真实硬件设备上进行测试开发，申请iPhone开发者计划网址为http://developer.apple.com/iphone/program/，如图1-4所示。

iPhone SDK要求的运行环境是：Intel芯片的Mac机器，操作系统安装了Mac OS Ⅹ Leopard v10.5.7或更高。

开发包中Xcode 3.1延伸了SDK软件开发包（software development kit）的概念，支持在主机上面向与该主机完全不同的平台进行应用的编译、测试和配置。这个特性通过SDK集成所有的底层编译器和工具，包括平台框架得以实现。

在Xcode上，可以选择特定的Mac OS Ⅹ SDKs来开发，从而完成你的应用在某一特定版本Mac OS Ⅹ上的实现。也可以选择iPhone SDK来开发，从而为iPhone模拟器、iPhone以及iPod touch开发你的应用。SDK中还提供了工具软件，来将所开发的应用传输到设备中，并支持直接通过IDE在设备上进行调试。

下面简单介绍一下与SDK安装相关的事宜。支持Leopard的安装器共有以

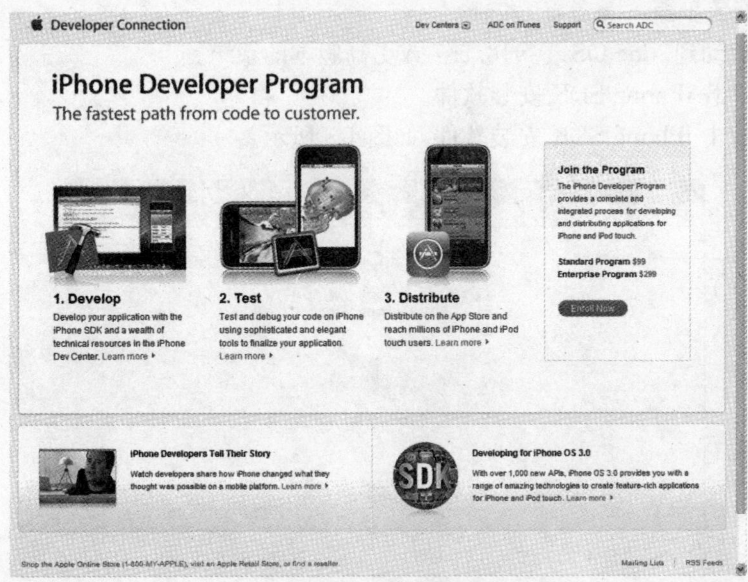

图 1-4 iPhone 开发者计划页面

下 6 个主要选项。

(1) 基本开发工具：主要包括 Xcode、Interface Builder、Instruments、Dashcode、Quartz Composer、GCC 4.0.1、GCC 4.2、LLVM GCC 4.2 等工具。同时包含 Mac OS Ⅹ 10.4(Universal)和 Mac OS Ⅹ 10.5 SDKs，以及示例源代码。默认安装在/Developer 目录下。

(2) iPhone SDK：包含 iPhone OS 应用开发需要的工具、头文件、库和文档。默认安装在/Developer/Platforms 目录下。

(3) 系统工具：可选的工具，包括 Shark、CHUD 性能测试与优化工具等。一般安装在/Developer 目录下。

(4) UNIX 开发支持：可选的命令行工具，用于 UNIX 下的开发。一般安装在/usr 目录下。

(5) Mac OS Ⅹ v10.3.9 支持：支持利用 Mac OS Ⅹ v10.3.9 APIs 的应用开发。包含了 1 个 Apple 版本的 GCC 3.3 编译器和 Mac OS Ⅹ v10.3.9 SDK。

(6) WebObjects：支持 WebObjects 开发的工具、示例和文档。一般安装在/Developer 目录下。

既可以安装 Xcode 3.1，又可以安装 Xcode 3.0。此外也可以在 Mac OS Ⅹ v10.5 上安装多个版本的基本开发工具(Developer Tools Essentials)。但在同一台电脑上，系统工具和 UNIX 开发支持只能安装一个版本。

➢ 安装步骤：

(1) 启动到 Mac OS Ⅹ v10.5.7 或更高版本的系统。

(2) 下载 iPhone SDK 安装软件。

(3) 双击 iPhone SDK 安装软件，如图 1-5 所示。

图 1-5 iPhone SDK 安装

(4) 根据安装器的提示进行安装，如图 1-6 所示。

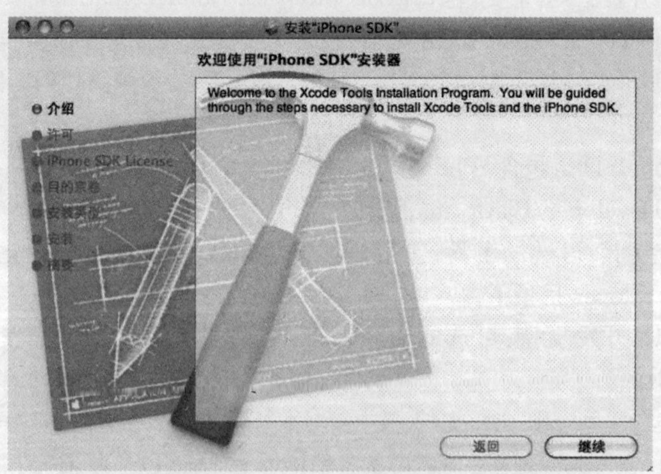

图 1-6 iPhone SDK 安装器首页

(5) 如果希望将 Xcode 3.1.3 安装到指定目录上，而非默认目录/Developer。请再通过"Custom Install"指定自己的<Xcode>目录。

(6) 如果希望安装 Mac OS Ⅹ 10.3.9 支持或 WebObjects，请选择"Customize"后，在"Custom Install"中选中它们，如图 1-7 所示。

图 1-7 iPhone SDK 自定义安装

(7) 用管理员身份授权软件安装。默认情况下第一个安装 Mac OS Ⅹ的用户拥有管理员身份。

安装完成后，可以通过启动 Xcode，使用其中的"帮助"菜单，来查看相关文档，如图 1-8 所示。学习者应该要熟悉利用这种方法学习。开发工具，如 Xcode、Instruments 和 Interface Builder 都安装在＜Xcode＞/Applications 目录下，如图 1-9 所示。其中的＜Xcode＞为默认的安装目录/Developer，或自己指定的安装目录。

图 1-8 查看"帮助"文档示意

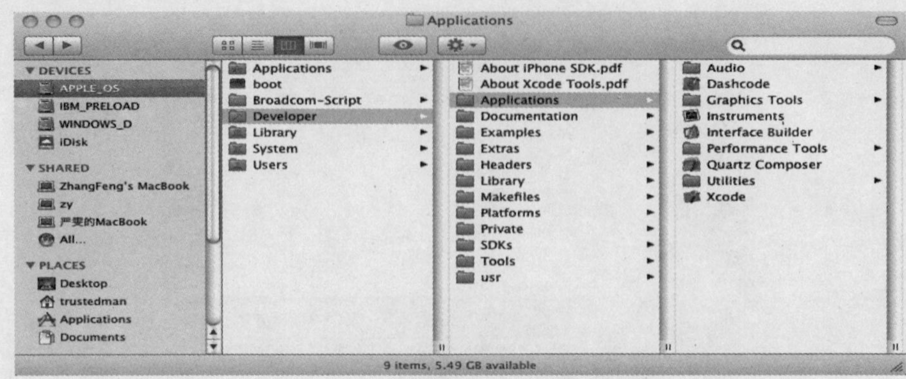

图 1-9 工具所处的默认目录示意

1.5 iPhone OS 与开发

iPhone OS 是用于为 iPhone 和 iPod touch 设备开发应用的平台，所需的软件工具与技术资料均包含在 iPhone SDK 中。图 1-10 所示为 iPhone OS 的层次结构。

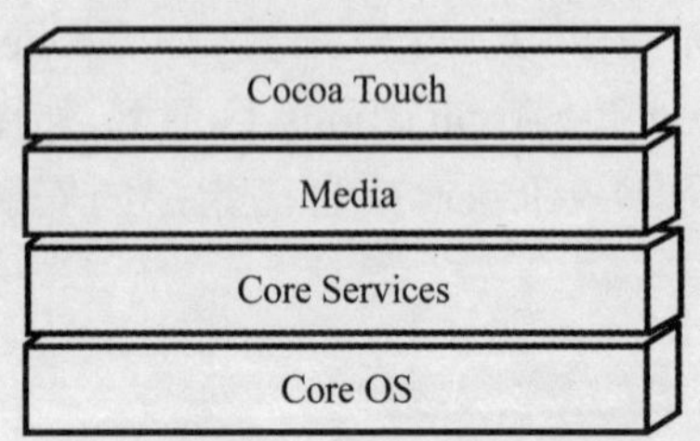

图 1-10 iPhone OS 的层次结构

Cocoa Touch 层由 UIKit 和 Foundation 框架组成，为 iPhone OS 图形事件驱动的应用提供基本的工具和框架。Media 层为 iPhone OS 在移动设备上提供多媒体支持，帮助快速开发多媒体类应用。Core Services 层为所有应用提供基本的系统服务。Core OS 层将操作系统的核心环境、驱动和接口包装起来，管理虚拟内存、线程、文件系统、网络和内部通信等。

1) 主要特性

以下列出了 iPhone OS 中一些对于应用开发比较有特点的特性。

(1) 架构：

- 支持多点触摸事件；
- 支持抽象接口；
- 支持如加密、证书等安全特性；
- 支持国际化；
- 支持应用程序间利用 URL schemes 的通信；
- 操作底层端口、I/O 等；
- 支持基础数据类型如集合。

(2) 多媒体:

- 支持 2D 和 3D 图形渲染;
- 支持图像操作;
- 支持音频录制和播放;
- 支持全屏视频播放;
- 支持游戏开发;
- 支持用户界面动画;
- 支持显示网络内容。

(3) 硬件:

- 获取加速计数据;
- 支持摄像头拍照。

(4) 网络:

- 支持 BSD sockets 和高层 socket 抽象;
- 支持加密网络连接;
- 支持解析 DNS 主机;
- 支持 Bonjour 服务;
- 支持注册定制 URL schemes。

(5) 数据管理:

- 数据组织与显示的用户接口元素;
- 获取用户电话簿信息;
- 获取用户相片库;
- 获取用户当前位置信息;
- 支持 SQLite 数据库;
- 支持 XML 解析;
- 支持应用个性化。

2) 开发工具

Xcode、Interface Builder 和 Instruments 是管理、编译和运行 iPhone 代码的主要软件工具。

Xcode 是一个集成的开发环境(IDE):主要用它进行编写、编译、运行和测试代码,示意如图 1-11 和图 1-12 所示。与其他开发 IDE 基本一样,它主要有以下一些特性:

(1) 可以定义软件产品的项目管理系统。

(2) 代码编写环境。

(3) 支持搜索和阅读 iPhone OS 资料的文档窗口。

(4) 编译系统,包括依赖检查等。

(5) 采用 GDB 的源代码级调试。

(6) 支持在模拟器或设备上运行 iPhone 应用。

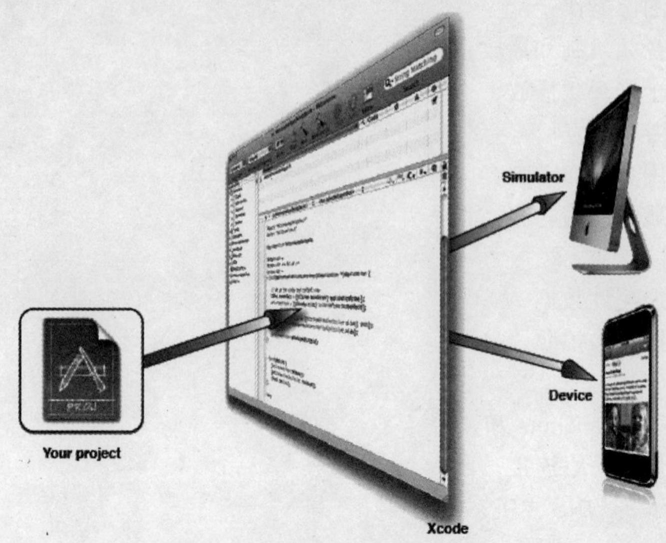

图 1-11 Xcode 作用示意

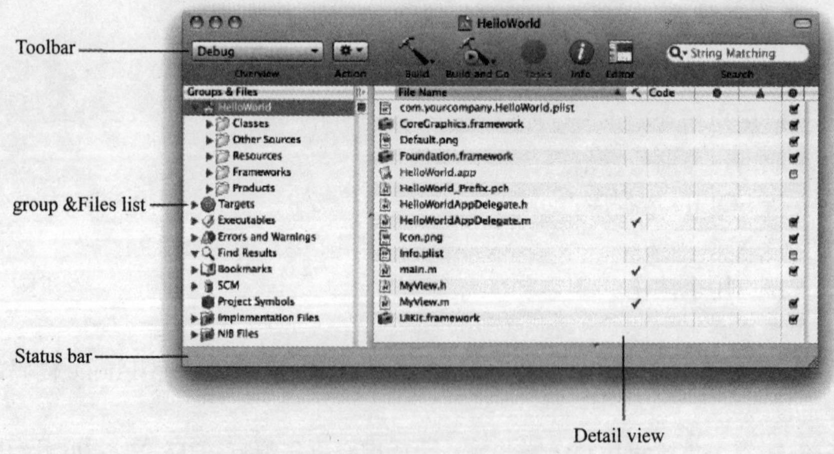

图 1-12 Xcode 界面示意

Interface Builder 是一个需要与 Xcode 一起使用的图形工具,其用于帮助建立和测试应用的用户界面,如图 1-13 和图 1-14 所示。利用它,只要拖拉标准的系统组件,布置并配置好属性,即可方便地实现用户界面和对象关系。所有的信息将存放在一个特定的资源文件中,供应用程序使用。

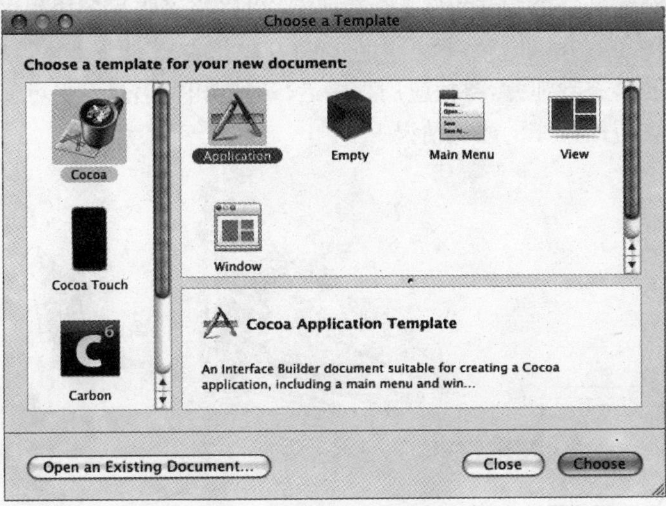

图 1-13 Interface Builder 示意 1

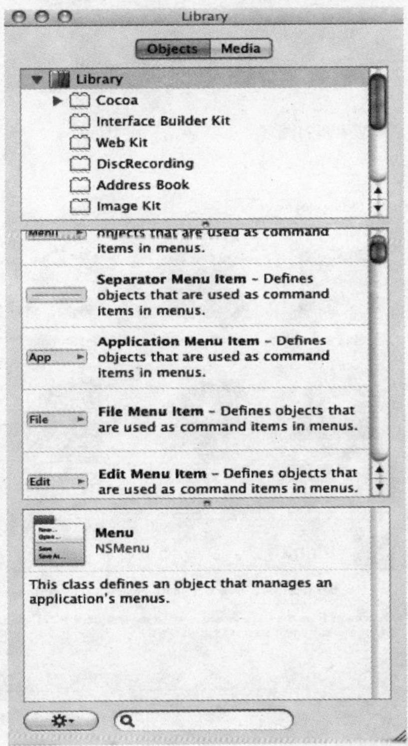

图 1-14 Interface Builder 示意 2

Instruments 是一个调试和性能分析工具，可以用来收集应用程序的运行状态信息，示意如图 1-15 和图 1-16 所示。它支持在模拟器或设备上运行应用程序，跟踪内存使用情况，查看泄漏，寻找应用程序运行时的相关信息。也可以比较几次运行的数据，检查应用程序的改进情况。

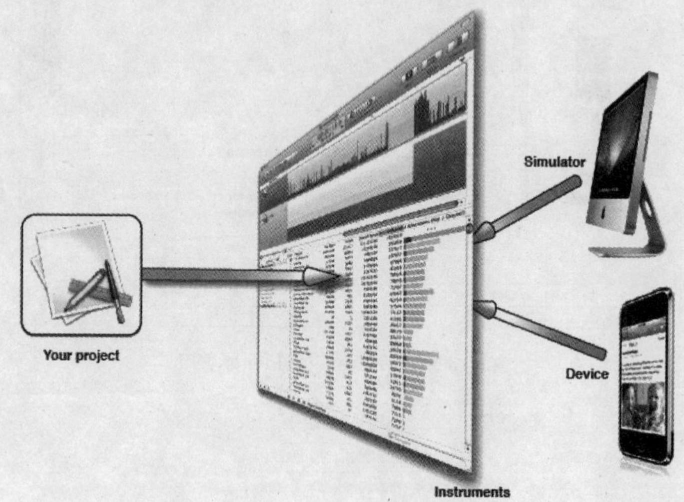

图 1-15 Instruments 作用示意

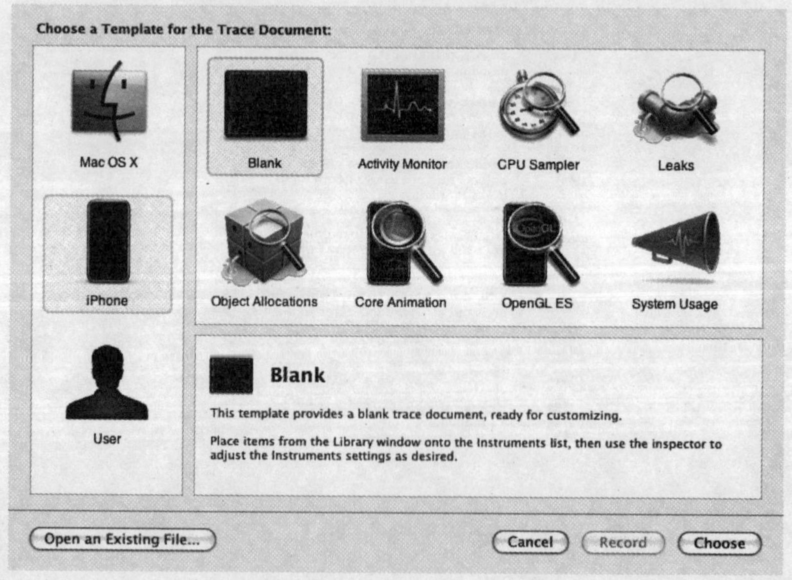

图 1-16 Instruments 界面示意

3）应用类型

设计应用的第一步是决定应用的类型。应用类型的不同，将决定信息的组织方式，以及用户界面中采用何种视图和控制。iPhone OS 中定义了 3 种基本应用类型：①层次类型；②功用类型；③沉浸类型。

以下对这些类型，以及各自适合的内容进行简介。

注：这些类型的应用也可以通过 HTML 和 JavaScript 来实现。

(1) 层次类型。在层次类型的应用里，重点在于对具体信息的组织和操作。信息在这里一般是文本形式的，但也可以是图像形式。为了便于对信息进行浏览，层次类型的应用一般采用多屏显示，并利用系统控制来实现多屏之间的切换。例如，如图 1-17 所示的“设置”应用，这个层次类型的应用采用了分级的浏览模型，来实现从粗到细的切换。

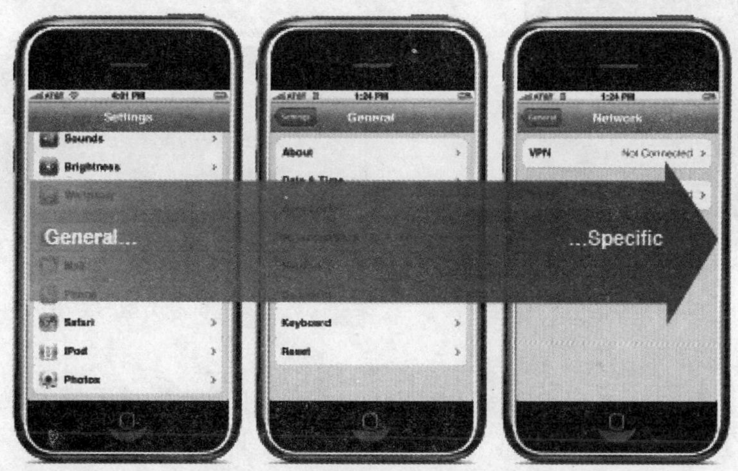

图 1-17 层次类型的应用示例

在层次类型的应用里，重点在于数据和组织，因此这类应用主要依赖于系统的视图和控制，而很少去实现自己特殊的显示。表格以及文本框、标注等数据类视图，经常在这类应用中使用。还有导航栏、工具条等也经常被使用。

(2) 功用类型。功用类型的应用完成一个目标任务，且基本不需要用户的输入。用户打开一个功用类型的应用，来查看一些简短的总结信息，或处理一个简单的任务。这个类型应用的界面应该做到吸引人，整齐简洁，便于用户快速找到需要的信息。图 1-18 所示的天气信息应用，以及股票信息应用，属于功用类型的应用。

在功用类型的应用里，重点在于设计合适的、吸引人的图形。总体来看，这类应用对显示的性能要求并不高，因此可以采用所有的 iPhone 显示技术来实现，如 Quartz、Core Animation 或 OpenGL ES。

(3) 沉浸类型。沉浸类型的应用提供一个全屏的环境，重点在于内容和用户对内容的体验上。这个类型多数用在实现游戏和多媒体应用上。因为这类应用本身就是面向图形图像的，它们通常都实现自己的用户界面，较少依赖标准系统视图和控制。沉浸类型的应用，也通常隐藏了状态栏，示例如图 1-19 所示。

游戏和多媒体类应用经常需要更新屏幕图像，一般都采用 OpenGL ES 来实现，以在全屏和高帧率情况下，获得好的性能。

图 1-18　功用类型的应用示例

图 1-19　沉浸类型的应用示例

4) 应用结构

考虑到有利于面向对象编程，iPhone 应用的结构是基于模型-视图-控制(Model-View-Controller，MVC)设计模型的，如图 1-20 所示。原因之一是：基于 MVC 的程序相对于不用 MVC 的程序来说，能较好地适应变化的需求，或者说可扩展性较好。此外，对象也更容易重用，接口也容易定义得合适些。

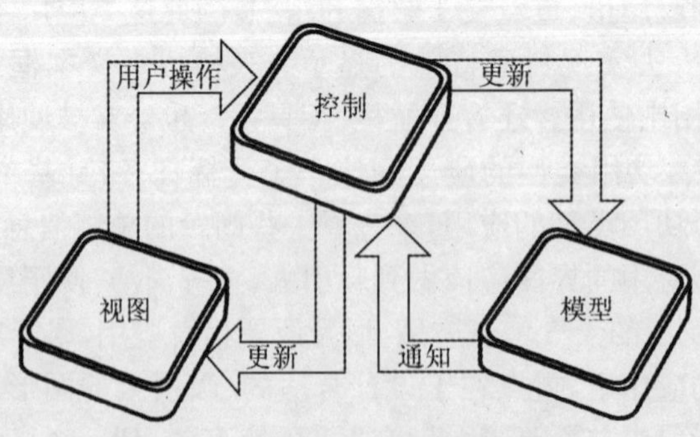

图 1-20　模型-视图-控制设计模式

模型层由应用的数据对象组成。外部与对象通过一些定义良好的接口进行交互，以保证内部数据的完整。

视图层定义应用对用户显示的形式。视图层包含应用的窗口、显示和控制。视图可以是标准的系统视图，也可以是开发者自己定义的视图。通过视图，应用将模型里的数据用合适的方式呈现出来。当然，视图中的对象还要响应用户对数据的交互或相关事件产生消息。

控制层在模型层和视图层中充当“桥”的作用。控制层收取视图层产生的消息，并根据消息对应地改变数据层。同样地，如果数据层的数据由于某种原因发生改变，控制层也将通知合适的控制对象，以便对视图进行更新。

本章小结

本章节带领读者从了解和熟悉 iPhone 开发环境开始，介绍了进行开发所需要用到的基础设备与软件，包括 Mac OS Ⅹ、iPhone SDK 和 iPhone OS，以及一些工具如 Xcode 等。在学习完本章后，读者应该对 iPhone 开发环境有所了解，为读者进一步学习 iPhone 开发铺平了道路。

本章的部分内容参考了 iPhone SDK 中的相关文档，包括《iPhone OS Programming Guide》、《iPhone SDK Download Notes》等。希望读者在学习完本章之后，在以后的学习过程中继续深入阅读 iPhone SDK 中的相关文档，一定能够对你的 iPhone 编程技术有很大的提高。

2 Objective-C

在开始 iPhone 编程的奇妙之旅前，读者需要首先掌握驾驭 iPhone 的工具，其中主要包括 Objective-C、Xcode、Interface Builder 等。编写程序离不开编程语言，作为官方 iPhone SDK 所支持的标准 iPhone 编程语言，Objective-C 是所有工具的基础。事实上，Mac OS X 的应用程序大多数都是用 Objective-C 编写的，所以学习了本章内容之后，读者除了可以了解如何对 iPhone 进行编程外，同时也可以运用所学的知识开发 Mac OS X 的程序。

本章针对没有 Objective-C 基础的读者编写，通过阅读本章，读者能够对 Objective-C 有一定的了解，熟悉其语法特点，并掌握其面向对象的重要特性。

阅读本章之前，读者需要具备一定的 C 或 C++基础，本文默认读者已经掌握了 C 或 C++语言的基础知识，如程序结构、变量、函数、指针等概念。本章将重点介绍 Objective-C 在 C 语言基础上添加的特性。如果读者想了解关于 Objective-C 的全部内容，可以参考苹果公司提供的 Objective-C 2.0 编程手册(The Objective-C 2.0 Programming Language)。

2.1 历史背景

了解一些关于 Objective-C 的历史对学习 Objective-C 有所帮助，所以首先简单回顾一下 Objective-C 的诞生以及它的发展过程。

在 20 世纪 80 年代，最流行的编程语言是 C，著名的操作系统 UNIX 就是用 C 语言编写而成的。C 语言是一种结构化的编程语言，它是由一系列子程序(procedure)组成的。然而，随着软件项目规模的迅速增长，这种结构化的编程方式带来了很多弊病，比如说可复用性差、难以维护等。这时候一种称为面向对象的编程方式(Objective-Oriented Programming，简称 OOP)逐渐进入了人们的视野。SmallTalk 语言是 OOP 的先驱，它解决了软件工程所面临的多种问题。但是由于当初计算机系统的限制以及语言本身的特性，导致 SmallTalk 程序的执行效率极为低下，没有太多的实用价值。

Objective-C 是由 Brad Cox 在 20 世纪 80 年代早期建立雏形的。当时，Brad Cox 创造它的目的是为了向大家展示，只需要在目前现有的工具(如 C 语言)上略作改进，就能够实现程序的可复用性。所以 Brad Cox 选择在 C 语言的基础上，添加了一层非常简单、灵活的面向对象的语法和语义，称之为Objective-C。Brad Cox为Objective-C设计了一套非常灵活的、可复用的程序库。

在Brad Cox开发Objective-C基本完成的时候，Steve Jobs离开了“苹果”，随后，他成立了一家名为NeXT的公司。Steve Jobs对Objective-C非常感兴趣，于是他的公司从StepStone(也就是Brad Cox创立的公司)手中买入了Objective-C的使用权，并发布了他们自己的Objective-C编译器和相应的程序库，又在此之上建立了一个叫做NeXTSTEP的操作系统。然而，NeXTSTEP并没有获得商业上的成功。

苹果公司于1996年收购了NeXT之后，将NeXTSTEP改名为Cocoa，并在此基础上开发了“苹果”新的操作系统——Mac OS Ⅹ。从此Objective-C正式成为Macintosh编程的官方语言，Cocoa则成为了Mac OS Ⅹ上的标准类库。

在2006年的“苹果”开发者WWDC大会上，苹果公司宣布了新版本的Objective-C语言——Objective-C 2.0。它在原有的Objective-C基础上增加了许多时髦的特性，比如垃圾回收(Garbage Collection)，语法上的改进(比如支持“点语法”)，以及64位支持等。Mac OS Ⅹ 10.5之后的系统都包含了Objective-C 2.0的编译器。我们在给iPhone开发程序的时候就能够使用Objective-C 2.0中的诸多特性，但由于性能的关系，垃圾回收功能并没有在iPhone上实现。

Objective-C是一种灵巧而松散的语言，它不像C++那样错综复杂，然而在其看似简单的外表下，隐藏了优美的设计思想。经过多年的打磨和完善，它已经拥有了一个功能极其强大的开发套件，在阅读后续的章节时，读者一定能够从中体会到Objective-C的优雅特性。

2.2 第一个Objective-C程序

欢迎进入Objective-C的世界！从本节开始，将从最简单的Objective-C程序开始，带领读者深入浅出地学习这门令人激动的语言。

之前已经提到过，Objective-C是在C语言基础之上，添加了面向对象的语法和语义。也就是说，Objective-C是C语言的一个超集(superset)，所以，Objective-C的基本结构和C语言是类似的。参考著名的“Hello World”程序，下面用Objective-C编写一个“Hello World”程序。

为了让读者能够跟随本书的内容边读书边实践，本书在介绍Objective-C的同时将详细介绍Xcode的操作步骤。在撰写本书的时候，iPhone SDK的版本号为3.2，以下将使用3.2版本SDK中的工具来进行讲解。

简单起见，创建的第一个程序并不是一个在iPhone上的应用程序，而是在Mac OS Ⅹ上运行的基于命令行的程序。别失望！这只是迈出的第一步，很快就能学会如何对 iPhone 进行编程。

在 Xcode 的欢迎界面上选择“Create a New Xcode Project”，如图 2-1 所示。

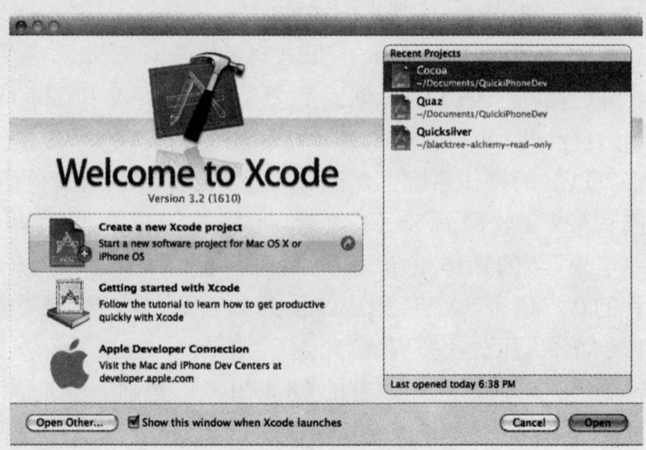

图 2-1　Xcode 欢迎界面

然后在弹出的窗口中选择“Mac OS Ⅹ”程序，并选择“Command Line Tool”工程。在“Type”下拉菜单中选择“Foundation”，如图 2-2 所示。

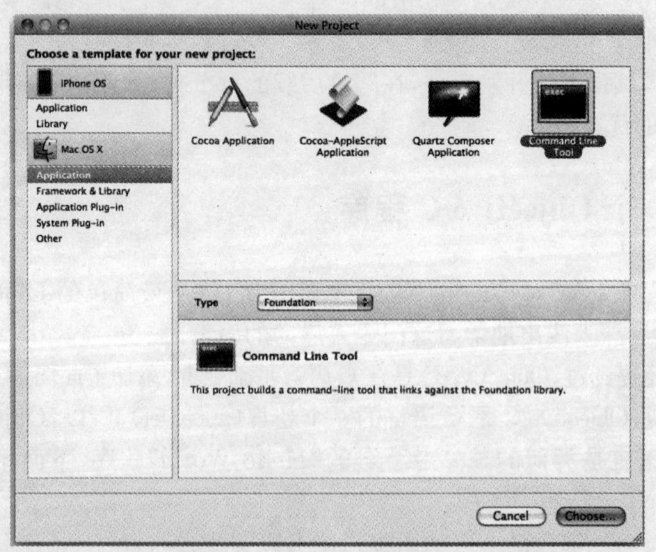

图 2-2　Xcode 创建新工程

将新建工程的名字取名为“Hello”，建立工程之后，打开“Hello. m”文件，将 Xcode 自动添加的代码全部删除，然后输入如下代码：

```
#import <Foundation/Foundation.h>
int main(int argc, const char *argv[]) {
    NSLog(@"Hello, Objective-C!");
    return (0);
}
```

如图 2-3 所示。

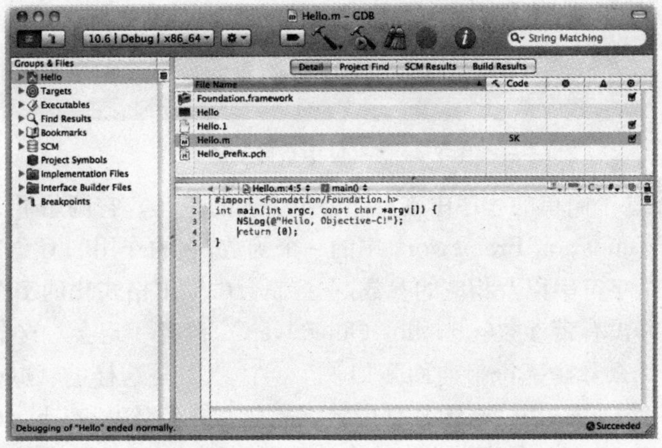

图 2-3 Xcode 中的 Hello 工程

点击“Build and Go”按钮或按下“Command＋R”，不出意外，将看到 Xcode 的控制台(Console)窗口中显示如图 2-4 所示的运行结果。

就这么简单，这是跨出的第一步！接下来看看这个程序是如何工作的。

```
#import <Foundation/Foundation.h>
```

这句语句的意思将在后面详细解释，它告诉 Objective-C：我需要使用 Foundation Framework。

接下来，可以看到 main 函数的定义。和 C 语言一样，Objective-C 的程序入口默认是 main(int, const char *)，所有程序的启动后都会首先进入 main 函数。

```
NSLog(@"Hello, Objective-C!");
```

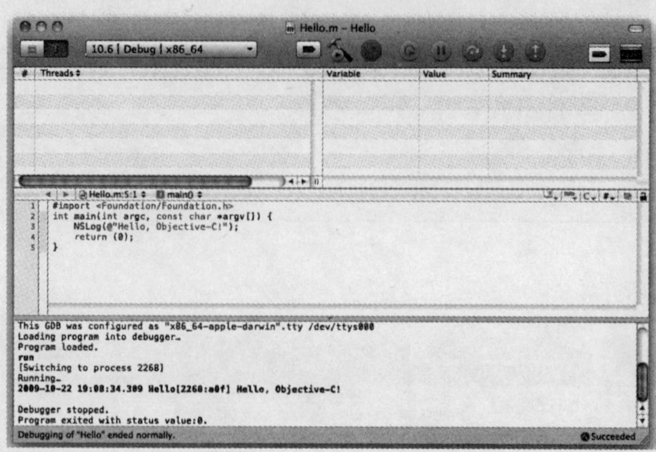

图 2-4 Xcode 中运行的结果

该语句是这个简单的程序中唯一能够吸引人的一句。它调用了 NSLog 函数，这个函数是 Foundation Framework 中的一个函数，它的作用和 C 语言中的 printf 一样，接受一个字符串以及相应的参数，在控制台中输出格式化的字符串。简单起见，字符串中并没有带参数@"Hello, Objective-C"，读者一定会对这个@符号产生一个疑问，为什么要在字符串前面多加一个@？原因是这样的：Objective-C 为了保持和 C 的完全兼容，用@来区分 C 中传统意义上的字符串和 Objective-C 中的字符串类型 NSString。如果字符串在一个@后面，那么 Objective-C 就认为这是一个 NSString，否则 Objective-C 会把它看成 const char *。

```
return (0);
```

main 函数退出时返回一个整数表示程序运行正确与否，在 Mac OS 中返回 0 代表程序正常运行结束。

至此，读者已经看到了第一个最最简单的 Objective-C 程序的代码和运行结果。推荐读者自己动手将这个例子输入到 Xcode 中，并运行一下，然后保持热情，进入更加奇妙的 Objective-C 的世界。

2.3 迈向面向对象的编程的世界

前一节中，我们接触了一个非常简单的 Objective-C 程序，这是一个过程式的程序，计算机根据所提供的流程一步一步执行指令。人们发现，用这种编程方式开发大型软件的风险很大，在设计程序的时候稍不小心就可能陷入无法弥补的错误中。于是有人提出了面向对象的编程方式（Objective-Oriented Programming），Objective-C 就是支持这种编程方式的一种语言，这也正是"Objective-C"这个名字的由来。

什么是面向对象的编程方式？它能给我们带来什么样的惊喜？下文将从基本概念开始，把面向对象的思想，以及在 Objective-C 中如何具体进行编程向读者一一介绍。

2.3.1 什么是对象

面向对象的编程，这是一个听上去很别扭的名字。首先，你一定会问，对象是什么？

这里，我们用通俗一些的语言来解释这个概念。大家都知道，计算机中所有的数据都是 0 和 1 组成的，那么我们如何用程序来描述我们所要开发的程序中所牵涉的物件呢？

假设，我需要在程序中描述一只杯子，我希望杯子可以有各种各样的颜色，可以有不同的材料，而且杯子还能用来装水。用面向对象的编程语言可以方便地在计算机中描述这样一只杯子。

一般来说，对象由其功能和属性定义，比如杯子的颜色和材料就是杯子的属性，而杯子能装水就是杯子的功能。所以，所谓的对象就是在计算机中对现实（或虚拟）世界中的某个物件的抽象描述。这种描述将一些紧密相关的属性和功能（或称为方法）通过对象的方式结合在一起，一般我们称之为"封装"。在面向对象的世界中，组成整个世界的基石就是对象。

每一个对象都有一个类型，称为"类型"。类型是某一类对象的描述，它定义了对象所包含的属性和方法。在 Objective-C 中，"类型"就是 class。

2.3.2 发送消息

当然，只有一个对象的世界是枯燥无味的，对象之间的相互沟通协作才构成了面向对象这样一个有趣的世界。接下来我们来了解一下对象之间是如何进行协作的。

对象之间通过发送消息的方式进行协作。在 Objective-C 中有专门的语法来向对象发送消息。

```
[obj foo];
```

上面这句语句中的“obj”指定了你要发送消息的对象，而“foo”是这条消息的名字。整句语句合起来的意思就是向“obj”对象发送了一条名为“foo”的消息。如果你熟悉C++或者类似的面向对象语言，这里的方括号语法其实就相当于C++中的“obj.foo();”。

当然消息光有名字未免有些贫乏，有些时候需要发送更多的信息。这时候可以给消息加上参数，比如

```
[obj fooWithParam:@"bar"];
```

上面这句语句向“obj”对象发送了“fooWithParam:”消息，并以@"bar"字符串为消息参数。需要提醒读者的是，函数中的冒号“:”也是函数名的一个部分，忘记这个冒号会带来很多让你头痛的问题。

还有一个令人惊奇的事实是：Objective-C的消息名称可以是拆分的，比如：

```
[obj fooWithFirstParam:@"bar" andSecondParam:@"foo"];
```

上面这句语句向“obj”对象发送了一个名为“fooWithFirstParam:andSecondParam:”的方法，这个方法的名字拆成了两个部分，即前半部分“fooWithFirstParam:”和后半部分“andSecondParam:”。对于刚接触Objective-C的程序员来说，这可能看上去是一个怪异的函数命名法，但很快你就发现自己能够习惯这样的函数名。

2.3.3 实例化对象

任何对象在能够被访问和使用以前都需要首先被实例化，在Objective-C中，我们有两种实例化对象的方法：

(1) 使用alloc和init方法。我们可以用[[ClassName alloc] init]的语句对ClassName类型的对象做初始化。在这句语句中，[ClassName alloc]为对象分配适量的内存，然后调用init语句初始化对象。

(2) 使用new方法。我们可以用[ClassName new]语句对ClassName类型的对象初始化。new语句自动完成了alloc和init两个步骤。

有时候我们在初始化对象的时候需要传递一些参数，那么这些对象会提供一个“initWithXXX:”的方法，比如NSString类型就提供了“initWithFormat:”方法，可以用一个格式化的字符串来初始化NSString。

对于一个实例化的对象，我们有两种方法去引用它，即静态类型引用和动态类型引用。

静态引用是指指定类型的指针引用对象，比如：

```
Person *p = [[Person alloc] init];
```

使用静态引用时，编译器会自动检查指针指向的对象是否属于该指针的类型或者是其子类，并且在用静态类型引用的指针调用方法时，编译器会检查该类型是否支持该方法调用。

另一种引用实例化对象的方法是用 id 关键词，称为动态类型引用，例如，上述代码也可以写成：

```
id p = [[Person alloc] init];
```

id 在 Objective-C 中实际上是被定义成了指向类型的 isa 属性（代表对象的类型的一个属性）的指针，isa 总是在对象的首地址处，所以用 id 引用对象其实就是用一个指针指向了对象的首地址。用动态类型引用进行方法调用时，编译器将不检查所引用的对象是否支持所调用的方法。如果程序运行时发现引用的类型不支持所调用的方法，则会出现运行时错误。

两种引用方法各有各的好处，我们建议在能够确定类型的情况下尽量使用静态类型引用，这样能够使程序逻辑看起来更清晰，而且能够利用编译器帮助我们解决一些在编译时就能发现的问题。

2.3.4 定义类型

要在 Objective-C 中使用对象，必须先要定义对象的类型。类型告诉 Objective-C 你所需要的对象的所有信息。在 Objective-C 中，一个具体的类型由“接口”(interface)和“实现”(implementation)两个部分构成。

一般来说，根据“接口”和“实现”的划分，我们在 Objective-C 中将一个 Class 的定义拆分为两个文件，一个“.h 文件”和一个“.m 文件”，在“.h 文件”中声明 Class 的接口，而在“.m 文件”中定义 Class 的实现。

在定义类型时，首先需要声明类型的接口，该声明通常写在“.h 文件”中。类型的接口的声明语法如下：

```
@interface ClassName
{
// 变量声明
double width;
double height;
}
// 方法声明
- (void)sayHello:(double)time;
+ (void)staticMethod;
@end
```

接口由“@interface”开始，至“@end”结束，“@interface”后跟 class 的名字，然后在大括号内声明实例变量。实例变量的声明方式和 C 语言中变量的声明方式是一样的。

在变量声明块后面是方法声明，在 Objective-C 的类型中，包含两种方法：实例方法和类型方法。

实例方法是指可以对某个实例对象调用的方法，在 Objective-C 中，实例方法以“－”开头，比如“－ (void)sayHello:(double)time”。

类型方法是指可以对某个类型直接调用的方法，比如“＋ (void)staticMethod”，类型方法以“＋”号开头。

方法的声明首先以方法的返回类型开头，比如“(void)”后是方法名称。如果方法还包含参数，则将参数的类型和参数名声明在“:”号后面，比如“－ (void)sayHello:(double)time”。

类型的 interface 声明完后，还需要定义类型的实现。类型的实现通常写在与“.h 文件”相应的“.m 文件”中，它的语法如下：

```
#import "ClassName.h"
@implementation ClassName
- (void)sayHello:(NSString *)name
{
// 实现细节
}
```

```
+(void)staticMethod
{
// 实现细节
}
@end
```

首先,需要导入相应的“. h 文件”,比如 #import ″ClassName. h″,在实现一个类型的时候必须要导入相应的“. h 文件”。这是编译器所要求的。然后以“@implementation”开始,以“@end”结束,定义类型的实现。类型的实现主要包括其方法的实现。

在方法的实现中,我们可以使用类型中所定义的实例变量。比如:

```
- (void)sayHello:(double)time {
    width = time;
}
```

在这个 sayHello 方法的实现中,我们就使用了类中的实例变量“width”,并将其赋值为 time 变量的值。

在实例方法中,存在一个隐藏的变量“self”,这个变量是指向对象自身的指针。我们在实例方法中通过 self 变量可以访问类型中所定义的实例变量和实例方法。

2.3.5 使用类型

在使用类型的时候,我们必须告诉编译器哪些是类型。根据用途划分,主要有两种方法:

(1) import 类型的头文件。import 和 C 中的 include 预编译指令类似,都是将某个文件的内容加载至当前文件,区别是:import 解决了多次 include 可能造成的问题,所以,一般我们在 Objective-C 中都是使用 import 指令加载所需要的头文件。

(2) 使用类型的声明。由于 import 头文件将导致编译依赖,也就是说,一旦 import 的文件有修改,那么所有 import 的头文件都需要重新编译,这在大规模的工程下是很危险的,为了解决这个问题,我们尽量在不用知道类型定义的情况下只使用类型的声明。类型声明的语法如下:

```
@class ClassName;
```

这句语句声明了一个类型，名字为 ClassName，如果你仅仅需要用该类型作为基类，或者是只使用该类型的指针，那么一个简单的类型声明就已经足够了。这将减少编译依赖。

2.3.6 类型的复合

现在我们知道了如何定义类型，也知道了如何使用类型，那么，我们可以用这些知识做一些有意思的事情了。运用上面的知识，我们可以将各个 class 组合起来，用专业的术语说，叫做“类型的复合”。

面向对象提供给我们的一个好处就是它的可复用性。可复用体现在两个方面：一个是可组合，另一个是可扩展。使用类型的复合，我们可以很容易将简单的类型组合起来，变成一个复杂的类型。

假设现在我们需要设计一个汽车类型，然后我们发现直接写一个 Car 类型是很困难的，因为牵涉到的组件太多，那么，我们不妨将汽车拆解，分别实现轮胎、车门、方向盘等类型，然后在汽车类型中将这些已经写好的较简单类型组合起来，从而实现复杂的汽车类型。

具体写成代码描述大致如下：

```
@interface car
{
        Door *doors[4];              // 4 扇门
        Tire  *tires[4];             // 4 个轮胎
        Steer *steer;            // 1 个方向盘
}
@end
```

通过简单对象的组合，我们可以轻松地构建复杂的对象类型。

2.3.7 继承

对象之间除了能够进行复合外，还拥有“继承”的能力，通过继承，Objective-C 为对象提供了强大的可扩展性。

所谓的继承，是指对象之间存在着特化和泛化的关系。比如说 Person 这类对象，泛指所有的人，它描述了最为泛化的人的概念，比如有姓名、性别等。而对于 Employee 这类对象，我们发现所有的 Employee 都首先是一个 Person，然后它才有一些属于 Employee 的属性，比如工号、工资等。这种层次结构的关系就是一种继承的关系，Employee 是 Person 的一种特化，我们说 Employee 继承自 Person。

一般我们把泛化的类型(如 Person)称为基类，而把继承自基类的类型称为子类。在 Objective-C 中，类型只能继承自一个类型。Objective-C 中声明继承的语法：

```
@interface Person : NSObject
```

前半部分和类型的声明方式是一致的，冒号后面的类型就是需要被继承的类型。在 Objective-C 中，一个类型可以没有基类，但如果需要使用 Cocoa，那么 Cocoa 需要所有的类型都有一个共同的根基类 NSObject。也就是说，如果你的类型没有继承自任何其他 Cocoa 类型，那么请让该类型继承自 NSObject。所以，我们的 Person 类型继承自 NSObject。为什么要继承自 NSObject? 因为 NSObject 提供了 Cocoa 所需要的各种内存管理功能，比如 alloc、init、retain 等方法。

下面我们用 Objective-C 的语法实现上述的 Person-Employee 的继承关系。

首先声明 Person 类型的 interface：

```
// In Person.h
@interface Person:NSObject {
    NSString *name;
    BOOL gender;
}
-(NSString *)getName;
-(void) setName:(NSString *)newName;
-(BOOL)getGender;
-(void) setGender:(BOOL) bGender;
@end

// In Person.m
```

```
@implementation Person
- (NSString *)getName {
    return name;
}
- (void)setName:(NSString *)newName {
    [newName retain];
    [name release];
    name = newName;
}
-(BOOL)getGender {
    return gender;
}
- (void)setGender:(BOOL)bGender {
    gender = bGender;
}
@end
```

Person 类型提供了姓名和性别的访问和设置方法。然后我们在 Person 的基础上声明 Employee 类型。

```
// In Employee.h
@interface Employee: Person {
    NSString *workingID;
    double salary;
}
- (NSString *)getWorkingID;
- (void)setWorkingID:(NSString *)newWorkingID;
- (double)getSalary;
- (void)setSalary:(double)fSalary;
@end

// In Employee.m
```

```
@implementation Employee
- (NSString *)getWorkingID {
    return workingID;
}
- (void)setWorkingID:(NSString *)newWorkingID {
    [stringWorkingID retain];
    [workingID release];
    workingID = newWorkingID;
}
@end
```

在这样的继承结构下，Employee 类型就能够获得 Person 类型中提供的方法了，比如可以写这样的代码：

```
Employee *e = [[Employee alloc] init];
[e setName:@"Bob"];
```

这里，向 e 发送的"setName:"消息就是定义在 Employee 的子类中的一个方法。

有时候，我们会发现，基类提供的方法是我们需要的，但基类对于这个方法的实现并不是子类所期望的，比如某个公司希望其员工在他们的名字后面都加上"EMP"这个字符串，以标识他们是员工，那么 Person 提供的"setName:"的方法在这里就不再适用了。但是，没有关系，Objective-C 提供了我们重写基类方法的能力。重写方法的时候只需要在子类的"@implementation"段中重新实现子类所期望的行为即可，比如：

```
// In Employee.m
@implementation Employee
- (NSString *)getWorkingID {
    return workingID;
}
- (void)setWorkingID:(NSString *)newWorkingID {
    [stringWorkingID retain];
```

```
        [workingID release];
        workingID = newWorkingID;
    }
    // 重写的方法
    - (void)setName:(NSString *)newName {
        [newName release];
        newName = [newName stringByAppendingString:@"IMP"];
    }
    @end
```

假设我们要在重写的方法内调用基类中原先的方法该怎么办呢？Objective-C中提供了 super 关键字，用于调用基类中的方法。比如上述重写的方法可以改写成：

```
    - (void)setName:(NSString *)newName {
        [super setName:[newName stringByAppendingString:@"IMP"]];
    }
```

[super setName:]调用了 Person 类中 setName 的实现。

2.3.8 多态

所谓的多态，是指向某个对象发送的消息在程序运行时会产生不同的效果。假设我们在程序中需要绘制各种图形，包括圆形、矩形和三角形，于是我们设计了3 个类，分别为 Circle、Rectangle 和 Triangle，每一个类型都包含一个“drawSelf”方法，用于将自己绘制在屏幕上，那么你可以在程序中写出这样的代码：

```
    Circle *c = [[Circle alloc] init];
    Rectangle *r = [[Rectangle alloc] init];
    Triangle *t = [[Triangle alloc] init];
    [c drawSelf];
    [r drawSelf];
    [t drawSelf];
```

现在假设我们需要设计一个 Canvas 类型,在 Canvas 上可以画任意数量、任意类型的图形。显然,需要在 Canvas 中保存这些图形的指针,但这些指针的类型是什么呢？这是一个难题,因为我们需要处理 3 种类型的对象。多态为我们解决了这一问题。

为了实现多态,我们首先令 Circle、Rectangle 和 Triangle 继承自 Shape 类型,然后在 Shape 类型中添加一个方法“drawSelf”,这样,Circle、Rectangle 和 Triangle 中就都包含了 drawSelf 方法。

这样我们就可以用如下的代码实现 Canvas 的 draw 方法:

```
@interface Canvas
{
 NSArray *shapeArray; //用于存放 Shape 对象
}
-(void)draw;
@end

@implementation
-(void) draw
{
 for(int i = 0; i < [shapeArray count]; ++i)
 {
     [[shapeArray objectAtIndex:i] drawSelf];
 }
}
@end
```

这样,我们就实现了在 Canvas 中保存任意类型的 Shape 了,只要这个类型是从 Shape 类继承下来的,并且即使添加了新的类型,比如现在需要添加一种五边形的图形,叫做 Pentagon,我们也不需要对 Canvas 进行修改。很不错吧?!

以上我们从面向对象的概念开始,将对象的主要特性,包括封装、复合、继承和多态,进行了简要的讲解,如果读者已经理解了本节所介绍的内容,那么你对面向对象应该已经有了大致的初步印象。下一节将详细介绍 Objective-C 中的对象内存管理。

2.4 内存管理

对于任何一个语言了解其内存管理是深入学习该语言的第一步，只有详细了解了每一个对象在内存中的生灭过程你才能够完全掌控你的程序。

和C语言、C++语言一样，Objective-C的内存是需要程序员手动释放的，虽然在Objective-C 2.0中加入了垃圾收集机制，但因为垃圾收集机制会消耗CPU大量的时间，iPhone上的Objective-C编译器是不支持垃圾收集的。由于iPhone和我们日常使用的电脑不一样，它只有很有限的内存和CPU资源，我们的程序一旦产生内存泄露，很快iPhone的内存就会被消耗完，导致程序崩溃。所以高效地利用有限的内存资源是iPhone开发必修的一门课程。

本节从对象的生命周期开始介绍Objective-C中的内存管理机制。

2.4.1 对象的生命周期

现在我们知道组成面向对象程序的主要构建是对象，这些对象也有自己的生命周期。对象的生命周期是指从对象被创建到对象被释放的整个过程。

那么Objective-C是如何跟踪一个对象的生存过程的呢？它的原理是一种称为“引用计数”的技术，每一个对象的内部都记录了这个对象被引用了多少次，有时，这个计数也叫做保留计数。当对象被创建的时候，也就是alloc时，对象的引用计数被设为1，当某段代码需要访问一个对象时，就将引用计数加1，表示这个对象的外部引用多了1个，用“retain”方法实现将对象的引用计数加1。当代码决定不再使用这个对象时，就将这个对象的引用计数减1，表示这个对象的外部引用少了1个，用“release”方法可以实现将对象的引用计数减1。当对象的引用计数为0的时候，对象自动调用其“dealloc”方法将自己释放。下面是与对象的生灭过程相关的几个方法：

```
+(id) alloc;            // 创建对象，并将引用计数设为1
-(id) retain;           // 引用计数加1
-(void) release;        // 引用计数减1
-(void) dealloc;        // 释放销毁对象
```

“retain”方法返回的是id类型的值。

在程序中我们也可以调用“-(unsigned)retainCount”；方法查看对象当前的

引用计数。

下面这个程序演示了对象的引用计数变化：

```
@interface RetainCount : NSObject
@end

@implementation RetainCount
-(id) init
{
  if(self = [super init])
  {
    NSLog(@"In init: retain count %d.", [self retainCount]);
  }
  return self;
}
-(void) dealloc
{
    NSLog(@"In dealloc: Bye.");
    [super dealloc];
}
@end

int main(int argc, const char * argv[])
{
  RetainCount * c = [[RetainCount alloc] init];
  [c retain];
  NSLog(@"retain count %d", [c retainCount]);
  [c retain];
  NSLog(@"retain count %d", [c retainCount]);
  [c release];
  NSLog(@"retain count %d", [c retainCount]);
  [c release];
  NSLog(@"retain count %d", [c retainCount]);
```

```
        [c release];
        return (0);

}
```

运行上述程序，将输入如下的结果：

```
In init: retain count 1.
retain count 2
retain count 3
retain count 2
retain count 1
In dealloc: Bye.
```

2.4.2 自动释放

内存管理对每一个程序员都是一个挑战，你必须牢记使用完毕后释放对象，你必须知道哪个对象在何处被引用。

考虑如下的问题，某一个类型的一个方法需要返回一个 NSString 对象，比如：

```
-(NSString *)GetString
{
  NSString *str;
  str = [[NSString alloc] initWithString:@"test"];

  return str;
}
```

那么，这个返回的 NSString 对象应该由谁释放呢？显然不可能在方法内部释放，所以这个工作必须交给调用这个方法的代码来做，但是如果调用这个方法的代码并不是同一个人所写，对方如何知道“GetString”方法返回的对象需要由调用方释放呢？这是非常容易造成内存泄露的一个问题。

为了解决这些棘手的问题，Objective-C 提供了一种方便的技术，减轻程序员在内存管理上的负担，称为自动释放(Autorelease)。

自动释放利用了一个自动释放池的对象“NSAutoreleasePool”。NSObject 中提供了一个“autorelease”方法：

```
-(id) autorelease;
```

调用这个方法的意思是：这个对象将要释放，但不是马上被释放。这个方法会在将来的某一个时间向这个对象发送 release 消息。autorelease 会把对象放入一个自动释放池中，当自动释放池被释放的时候，池中所有的对象都会收到一条 release 消息。

现在可以将上述的代码改成更好的形式了：

```
-(NSString *)GetString
{
    NSString *str;
    str = [[NSString alloc] initWithString:@"test"];

    return [str autorelease];
}
```

在返回 NSString 对象时，将其放入 autorelease 池，这样调用 GetString 的代码就不需要考虑返回对象的释放问题，因为这个对象将会在合适的时候被释放。

为了使用 autorelease，我们首先要为我们的程序建立一个 autorelease 池。创建自动释放池的方法很简单，一般我们在进入 main 函数的时候就创建一个 NSAutoreleasePool 对象，然后在 main 函数退出前调用“release”方法释放自动释放池对象。比如：

```
int main(int argc, const char *argv[])
{
```

```
        NSAutoreleasePool * pool = [[NSAutoreleasePool alloc] init];
        // 你的代码

        [pool release];
        return (0);
}
```

以上就是 Objective-C 内存管理中你所必须知道的基础知识，在编写程序的时候，必须牢牢记住内存管理，必须清楚地了解所有对象的生灭过程。

2.5 声明属性

对于对象的实例变量，我们一般提供相应的 getter 和 setter 来访问，比如 Person 类型的 name 变量，我们一般提供"name"和"setName"方法，在实现这些方法的时候，基本上的代码逻辑都是相同的，工作重复性非常大。Objective-C 2.0 为我们提供了一个新的特性来简化 getter 和 setter 的编写。

这个新的特性称为属性(property)，它通过简单的扩充语法来自动生成实例变量的 getter 和 setter。属性通过"@property"关键词声明。比如：

```
@interface Person:NSObject
{
  NSString * name;
  BOOL gender;
}
@property (copy) NSString * name;
@property BOOL gender;
@end
```

这个 Person 类型中声明了两个 Property：一个是 name，另一个是 gender。声明 Property 的语法是：

```
@property(选项) 类型 名称;
```

在小括号内的选项可以是如下的几种：

(1) retain：表示这个属性的 setter 会引用传入的参数。

(2) copy：表示这个属性的 setter 会拷贝一份传入的参数。

(3) assign：这个是默认的属性，如果没有添加任何属性，那么，这个 property 就是 assign 的。它表示属性的 setter 将直接复制传入的参数。

(4) readonly：这个属性可以和上述的属性配合，表示该属性只有 getter 没有 setter。

还有一些不常用的选项，请查阅 SDK。

类型是指实例变量的类型，名称应该和实例变量的名称一致。

有了如上的属性声明后，可以在"@implementation"中加入"@synthesize"语句令编译器合成相应的属性访问代码。比如：

```
@implementation Person
@synthesize name;
@synthesize gender;
@end
```

对于属性的访问，我们可以有以下两种语法：

第一种是通常的发送消息的方法，对于某个属性，比如 NSString * name，编译器生成的 getter 为"－(NSString *)name"，setter 为"－(void)setName:(NSString *)newName;"，通过调用这两个语句我们就可以对属性进行操作。

第二种是 Objective-C 2.0 提供的新语法，称为点语法。比如对于 Person 的 name 属性，我们可以用如下的代码进行访问：

```
Person *p = [Person new];
p.name = @"New Name"; // Getter
NSLog(@"%@", p.name); // Setter
```

这种更为直观的语法是我们推荐的编程方式。甚至在类型内部的方法内，如果需要使用类型相应的实例变量，我们也推荐用点语法进行访问，这样可以避免忘记释放对象的问题。

2.6 协议

协议的意思是值，接受某个协议的所有类型都支持这个协议所规定的方法。协议提供了我们比继承更灵活的类型扩展方法，因为支持同一个协议的类型甚至不需要出现在同一个继承结构上。

2.6.1 声明协议

我们来看一下 Cocoa 声明的第一个协议 NSCopying。这个协议要求相应的类型支持自我复制功能。比如：

```
@protocol NSCopying

-(id) copyWithZone:(NSZone *)zone

@end
```

声明协议的语法看上去和声明接口的语法类似，只是它没有实例变量。

现在，如果你需要采用某个协议，你需要在你的类型的声明中列出具体的协议，比如，我们希望 Person 类型支持自我复制功能，那么可以这么写：

```
@interface Person:NSObject<NSCopying>
{
  // 实例变量
}

// 方法

@end
```

在尖括号内声明类型所支持的协议。如果你的类型需要支持多个协议，那么可以用逗号分隔声明多个协议。

2.6.2 协议和参数类型

利用协议，我们可以指定某个参数必须遵循某个协议，这样可以保证向对象发送消息的时候该对象能够处理这个消息。比如：

```
- (void)objectWithCopyingProtocol:(id<NSCopying>) object;
```

编译器在编译该方法时，会检查方法调用所传的参数是否符合 NSCopying 协议，如果发现实际调用并没有符合该协议，那么编译器将会发出警告。

2.7 类别

类别(Category)是 Objective-C 提供给程序员的又一个强大工具，通过类别，我们可以方便地为已有的类型添加新的行为。比如说，你可能觉得现在的 NSString 太过简单，你需要一种能够提供中英文互译的 NSString 类型，虽然可以创建一个子类来实现，但有时候可能并不方便，比如在牵涉到第三方库的时候，你就需要第三方库所返回的 NSString 也支持中英文互译的能力，而你却又没有办法改变第三方库的行为。Objective-C 提供给我们了这种直接扩展已有类型行为的能力。

类别是一种能够为现有类型添加新行为的技术。你可以为任何一个已有的类型添加新的行为，而且新添加的行为对任何该类型以及继承自该类型的子类都有效。

当然类别也不是万能的，它不允许用户在已有类型中添加新的变量。但这并不妨碍类别成为我们手中强大的工具。

要创建类别，首先要声明一个类别，声明类别的语法和声明类型的语法是类似的。比如：

```
@interface NSString (ChToEnTranslation)

- (NSString *) convertChineseToEnglish;

@end
```

然后你要为这个类别实现一个 implementation，这和定义类型的 implementation 的语法也是相似的。比如：

```
@implementation NSString (ChToEnTranslation)

- (NSString *) convertChineseToEnglish
{
    // 实现细节
}

@end
```

只要 import 这个类别声明在所在的头文件里，你就可以使用这个新的类别了。比如：

```
NSString *p = @"你好";
NSString *cp = [p convertChineseToEnglish];
```

cp 中就存放了翻译后的字符串了，是不是很神奇?!

2.8 方法选择符

方法选择符(selector)是本书最后需要向读者介绍的一个 Objective-C 概念。它为我们的程序提供了更多的运行灵活性，能够让我们在运行时动态调整程序的功能。

2.8.1 创建方法选择符

当你在写稍微高级一点的 C 程序的时候，一定用到过函数指针，利用函数指针可以使程序更加灵活，特别是对于类库的编写者，能够使得类库的行为由用户代码指定。在 Objective-C 中，方法选择符是和函数指针类似的概念。通过方法选择符，可以将某一个函数指定为一个变量。比如：

```
@interface Shape

-(void) drawSelf;

@end
```

那么,我们可以用:

```
SEL drawSelfSelector;
drawSelfSelector = @selector(drawSelf);
```

指定 drawSelfSelector 是 drawSelf 方法的一个指代。

2.8.2 使用方法选择符

NSObject 协议中定义了一组方法,如“performSelector:”、“performSelector: withObject:”和“performSelector: withObject: withObject”,这些方法接受一个 selector 变量以及一个可选的参数,然后告诉对象调用方法选择符所指代的方法。比如:

```
[circle performSelector:@selector(drawSelf)];
```

这个语句和

```
[circle drawSelf];
```

是等价的。虽然在这种简单的情况下,方法选择符并没有体现出它的任何优势,但一旦它和“目标-动作”模式结合起来,方法选择符就会成为你爱不释手的一种技术。

2.8.3 “目标-动作”模式

在 iPhone 的 UI 编程中,大量使用到了一种称为“目标-动作”的设计模式,用于处理用户的界面操作。比如，在编写一个按钮的时候，你可以用“目标-动作”的模式为一个按钮指定一个事件处理对象：

```
[myButton setAction:@selector(onClick:)];
[myButton setTarget:buttonDelegate];
```

上面的两句语句将一个 UIButton 的默认点击事件的相应方法设置成了 buttonDelegate 的“onClick:”方法。在 UIButton 内部，将会调用[buttonDelegate performSelector:@selector(onClick:)]来实际执行这个操作。

这种灵活而强大的模式是 iPhone UI 编程的关键技术。

本章小结

本章节带领读者从最简单的 Objective-C 程序开始层层深入，介绍了使用 Objective-C 进行开发所需要用到的所有基础知识，包括面向对象的编程思想、继承、多态、内存管理以及 Objective-C 所提供的独特语法，比如类别、协议等。在学习完本章后，读者应该对所有的 Objective-C 语法有了了解，为读者进一步学习 iPhone 编程铺平了道路。在本章的基础上，通过阅读 iPhone SDK 文档，你一定可以收获更多。

本章的部分内容参考了 Mark Dalrymple 和 Scott Knaster 所著的《Objective-C 基础教程》，如果读者对本章内容还有不理解的地方，推荐阅读这本书。另外本章还参考了 iPhone SDK 中的相关文档，包括《The Objective-C 2.0 Programming Language》和《Memory Management Programming Guide for Cocoa》，希望读者在学习完本章之后，在以后的学习过程中继续深入阅读这两份文档。

3 开发工具

现在已经不是命令行时代了，目前大部分软件都是由 IDE(Integrated Development Environment)集成开发环境开发出来的。很多读者可能已经具备了 windows 平台下的软件开发经验。在 Windows 下面，大家用得比较多的 IDE 是 Visual Studio，而我们这里要讲的将是苹果 Mac OS 平台下使用的 IDE 开发环境 Xcode 和 Interface Builder。

3.1 项目开发模板

Xcode 提供丰富的项目模板帮助你快速有效地开发项目。以下是 Xcode 提供的项目模板：

(1) Navigation-Based Application。采用导航条控件建立的类似页面导航类的应用项目，一些需要显示层次性列标的项目适合采用该模板，如产品分类列表→产品子类列表→产品列表，如图 3-1 所示。

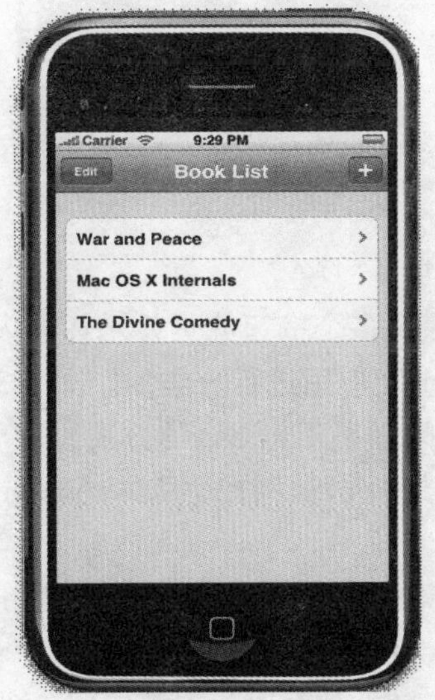

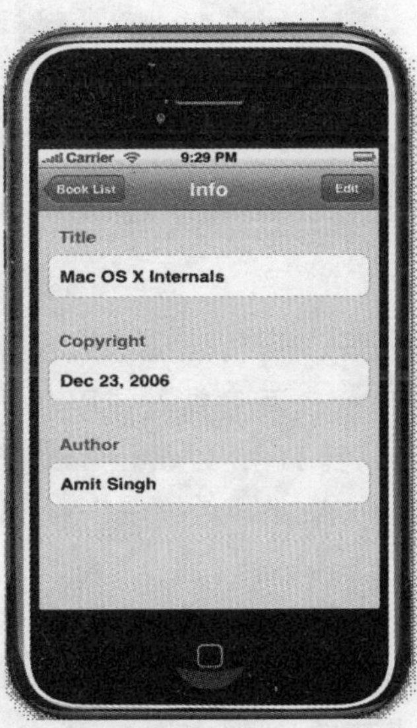

图 3-1　项目模板示例 1

(2) OpenGL ES Application。如果需要开发采用基于 OpenGL ES 的视图的应用项目则选用该模板，如图 3-2 所示。目前，App Store 中大量 iPhone 游戏都用到了 OpenGL ES，因为 OpenGL ES 直接调用硬件进行图形、图像操作，所以速度比苹果公司提供的绘图函数更快。在开发对图形、图像要求高的项目如视频游戏时，应该使用该模板。在设备支持方面，iPhone 3GS 支持 OpenGL ES 2.0，不支持 OpenGL ES 1.0，而 iPhone 3G 和 iPod Touch 则只支持 OpenGL ES 1.0，不支持 OpenGL ES 2.0，这是由于 OpenGL ES 2.0 在设计上没有考虑向下兼容所造成的，我们在此不做讨论，只要在开发过程中记住这一点就好了。

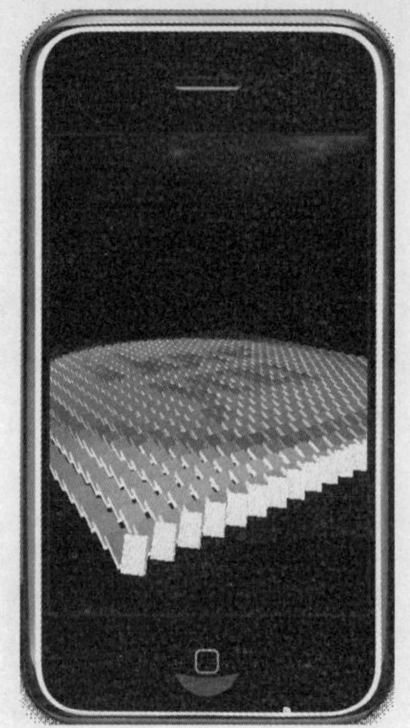

图 3-2 项目模板示例 2

(3) Tab Bar Application。Tab Bar 提供多个按钮分页显示你的内容，iPhone 上自带的 app store 程序就是使用 Tab Bar 对应用进行分类的。图 3-3 是 iMouse 开发的 iHorse，其 Help 和 options 切换就采用了 Tab Bar 的方式。

(4) Utility Application。图 3-4 是苹果公司示例代码 Metronome，它是典型的 Utility Application。

(5) View-Based Application。View-Based Application 和 Window-Based Application 是基本的应用程序，除了基于 openGL 的应用程序外，其他程序都是基于它们建立起来的，所以在你的 iPhone 上，随处都可以找到其应用，这里就不举例说明了。

(6) Window-Based Application。Window-Based Application 是最基本的应用

程序，如果想在 iPhone 上白手起家，完全控制自己的代码，选择这样的模板开始最适合。

图 3-3 项目模板示例 3

图 3-4 项目模板示例 4

3.2 Xcode 介绍

下面我们来看一下使用 Xcode 创建项目的过程：

(1) 运行 XCode(默认位置:"/Developer/Applications/Xcode")。

(2) 在 XCode 的菜单中选择"File→New Project",弹出对话框如图 3-5 所示:

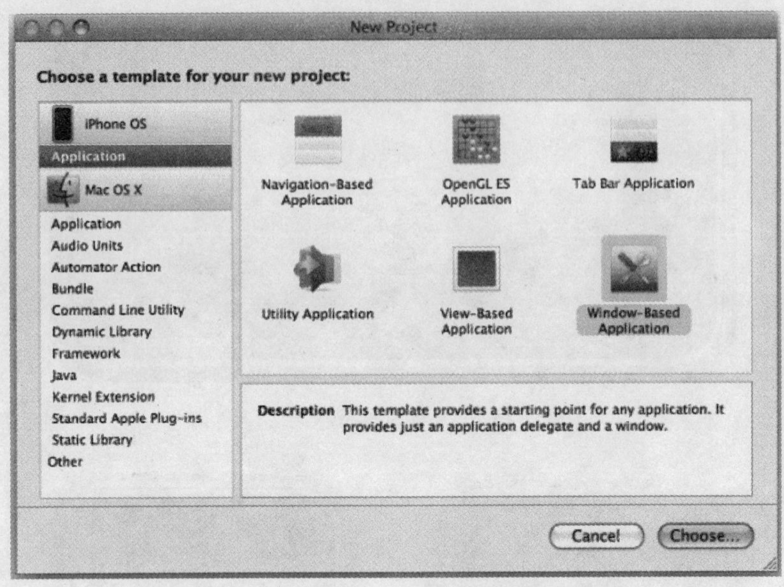

图 3-5 Xcode 创建项目

在该对话框中我们可以选择上面介绍过的各个应用项目模板,这里我们选择 Window-Based Application 作为事例。

(3) 对你的项目进行命名(如 MyProject)并选择其存储路径。这样我们就建立了一个在 iPhone 上能运行的最基本的项目,它的名字叫"MyProject",简单到甚至不包含"View"。

3.2.1 工程文件介绍

前面讲到如何建立自己的工程,下面我们将认识和管理工程中的文件。首先启动 Xcode,从菜单中选择"File→Open Recent Project",打开上面创建的项目"MyProject"。

使用 Xcode 打开 MyProject 工程后,可以从"Groups & Files"中看到工程包含的目录和文件,如图 3-6 所示。

(1) 源文件(Source File):指用来生成软件产品所需要的所有文件,包括源代码、资源文件、图片文件等。在制作软件中大部分过程都是对这些文件进行编辑,如图 3-6 所示。我们把这些文件放到 MyProject 文件夹下面进行管理。

(2) 目标文件(Targets):是生成最终软件产品的一个蓝本,如同建筑图纸,它

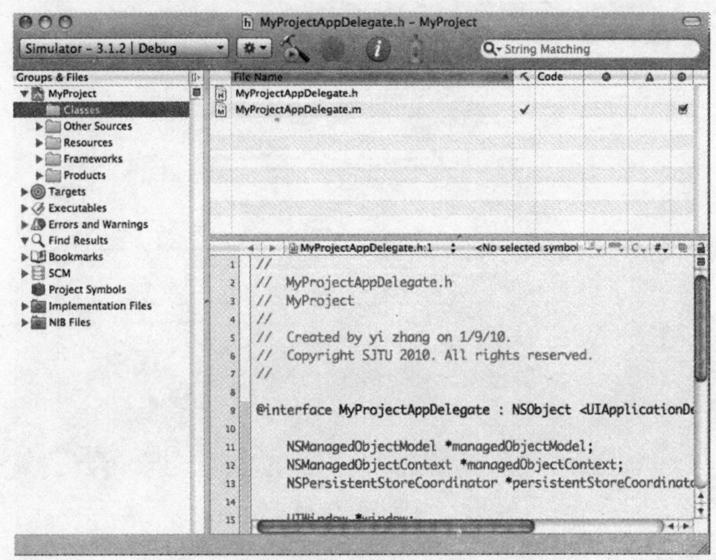

图 3-6 Xcode 打开项目后的界面

告诉 Xcode 采用什么版本的 SDK，链接哪些库文件，通过什么样的操作从源文件生成我们要的软件产品。

(3) 执行环境(Executables)：生成一个产品后，我们通过对执行环境进行设置，告诉 Xcode 在什么样的配置下测试和运行我们生成的软件产品。

(4) 错误和警告(Errors and Warnings)：在这个文件夹下面可以看到源文件在生成过程中出现的错误和警告，通过点击这些错误和警告，Xcode 定位到出现错误和警告的地方，方便修改。

(5) 查找结果：这里收集所有执行过的查询结果，要执行查询可以通过 Xcode 菜单中的“Edit→Find→Find In Project”。

(6) 书签(Bookmarks)：记录所有标注过的书签。想要在某处标注书签只要在该处按鼠标右键，然后在弹出窗口中选择 Add to Bookmarks 就可以了。

(7) SCM：是用来设置代码管理的，比如使用 SVN 对代码进行管理，可以通过 Xcode 菜单“SCM→Configure SCM Repositories”进行设置，这里你必须具有一些代码管理软件的知识，如图 3-7 所示。

(8) 实现文件(Implementation Files)：包含工程中所有实现文件，对于 Objective-C 就是“.m 文件”，对于 C 语言就是“.c 文件”。

(9) NIB 文件：包含所有使用 Interface Builder 建立的文件，需要修改这些文件时，点击它们，Xcode 会自动调用 Interface Builder。

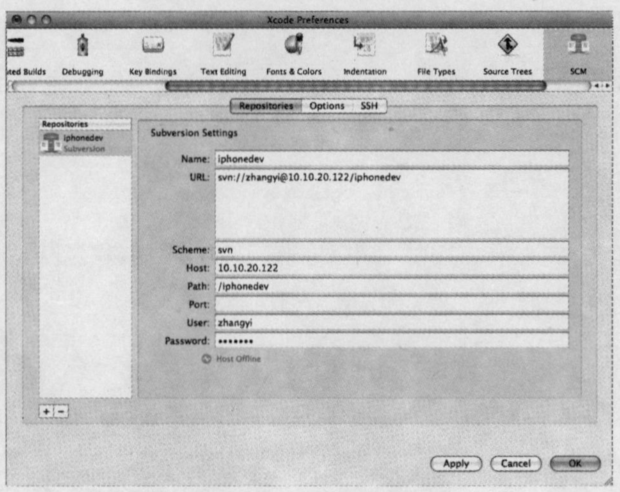

图 3-7　项目代码管理设置界面

3.2.2　源文件介绍

虽然一个工程通常包含很多的文件,但是在制作软件产品过程中,实际上大部分时间都是在对源文件进行编辑。图 3-8 是 MyProject 工程中源文件的展开图。

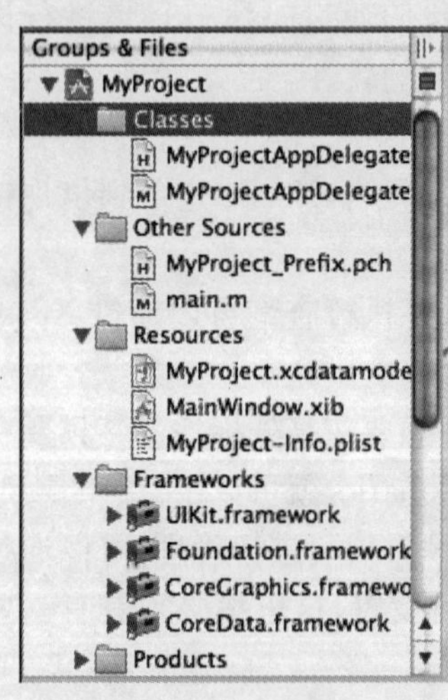

图 3-8　工程源文件的展开图

(1) 类文件夹(Classes):在编写软件时,所有自己建立的类文件,包括头文件(. h 文件)和实现文件(. m 文件)。

(2) 资源文件(Resources):该目录下包含与该工程相关的资源,如“. plist 文件”用于记录工程的配置,“. xib 文件”是由 Interface Builder 创建和编辑的界面文件。

(3) 软件框架(Frameworks):该目录下记录工程生成时所需要 SDK 提供的软件框架,如 Myproject 使用了 UIKit 框架、Foundation 框架等。

(4) 其他资源:默认情况下,Xcode 把“main. m 文件”放置在该文件夹下面,在使用 Objective-C 编写 iPhone 程序时,通常不要对“Main 文件”进行更改。

3.2.3　管理文件和文件夹

(1) 新建文件夹。现在我们要在之前建立的 MyProject 工程中新建一个 Images

文件夹，用于存储工程需要用到的所有图片。右键点击“MyProject”，从弹出的窗口中选择“Add→New Group”，创建一个新文件夹，并命名为“Images”，如图 3-9 所示。

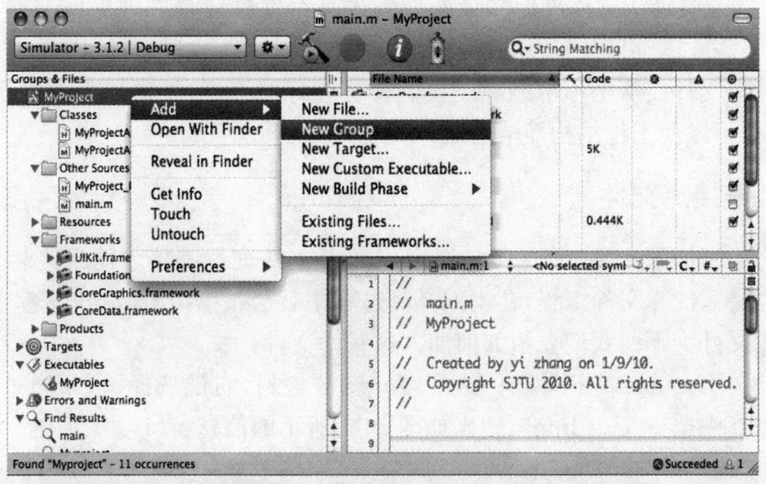

图 3-9　工程中新建文件夹

（2）加入文件。刚刚我们在 MyProject 工程中建立了一个用于存储图片的文件夹“Images”，现在我们把图片加入到该文件夹中。使用右键点击“Images 文件夹”的菜单“Add→Existing Files...”，然后在弹出的对话框中选择要加入的图片文件，就可以把选中的图片文件加入到“Images 文件夹”中，如图 3-10 所示。只有

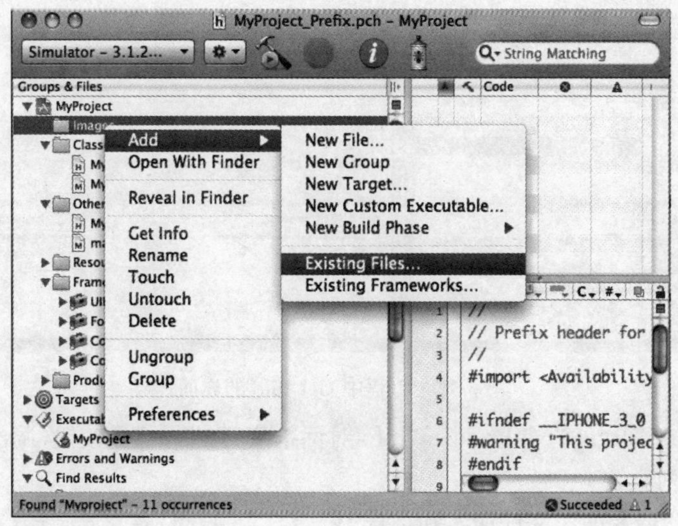

图 3-10　工程中加入文件

加入到工程中的图片，编程时才能使用，所以初学者应该注意：如果你的程序中读不到需要的图片，很可能是因为你没有把图片文件加入到工程中来。

(3) 删除文件或文件夹。如果我们发现某个文件或是文件夹(包括其中所有文件)都不需要了，可以通过右键选中该文件或文件夹，然后选择"Delete"，就可以把该文件或文件夹从工程中删除。我们要养成好的习惯，经常把不需要用的文件删除，这样可以使工程结构简洁清晰。

3.2.4 链接库文件

用户编写的源文件，需要和它们用到的库文件进行链接才能最终生成产品。如果缺少必需的库文件工程，在生成产品过程中就会报错，并提示开发者应该链接需要的库文件。下面我们介绍如何加入这些库文件：

(1) 在"Groups & Files"中展开"Targets"栏目，右键选择"MyProject"，在弹出的信息框中选择"Get Info"，弹出如图 3-11 所示的信息窗口。

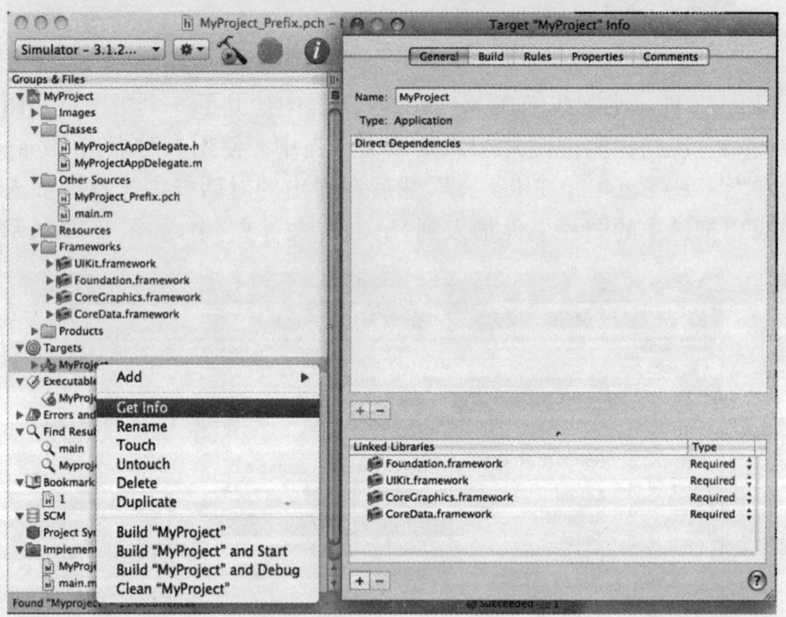

图 3-11 工程中 Get Info 的界面

(2) 点击 Target "MyProject" Info 对话框底部的"+"号按钮，调出图 3-12 所示的库文件列表。

(3) 选择需要的库文件加入到工程中。

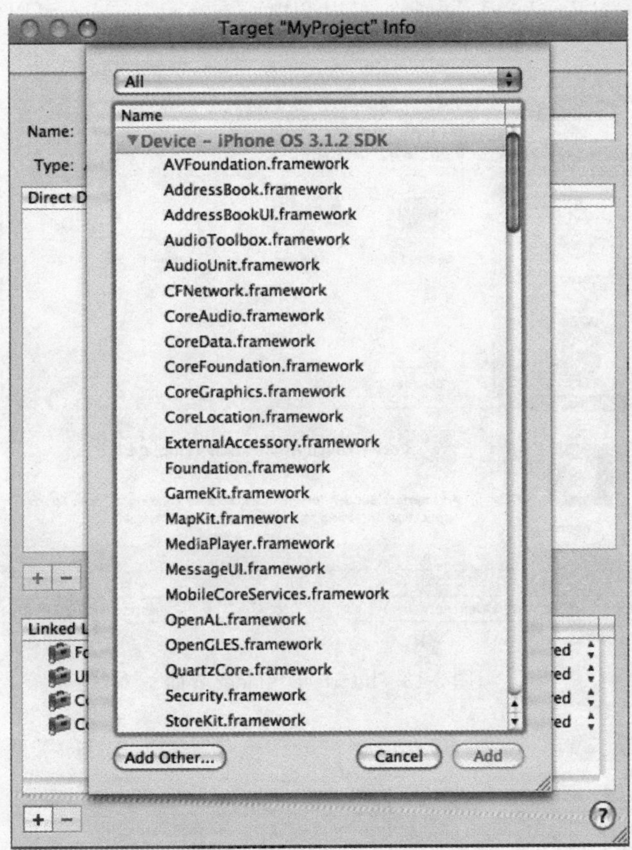

图 3-12 工程中的库文件列表

3.3 Interface Builder 介绍

Xcode 与程序员以代码的方式进行交流，而 Interface Builder 则提供了可视化的编程，使开发者可以通过拖动控件来搭建自己的应用程序。Interface Builder 文件路径是"/Developer/Applications/Interface Builder"。点击运行 Interface Builder，可以看到图 3-13 的界面，然后选择需要的项目类型建立自己的界面，最后存储为".xib 文件"供 Xcode 调用。

在实际使用中，一般是通过在 Xcode 中选择要编辑的.xib 文件，然后自动启动 Interface Builder 编辑项目中的.xib 文件，如图 3-14 所示。在 Xcode 中点击"gameViewController.xib 文件"，则可以在"Interface Builder"中对该文件进行编辑，如进一步点击"View"，则可以对该 View 进行编辑，如图 3-15 所示。在 Interface

Builder 菜单中选“Tools→Library”，可以调出所有在 iPhone 上可以使用的控件用来构建你的程序。

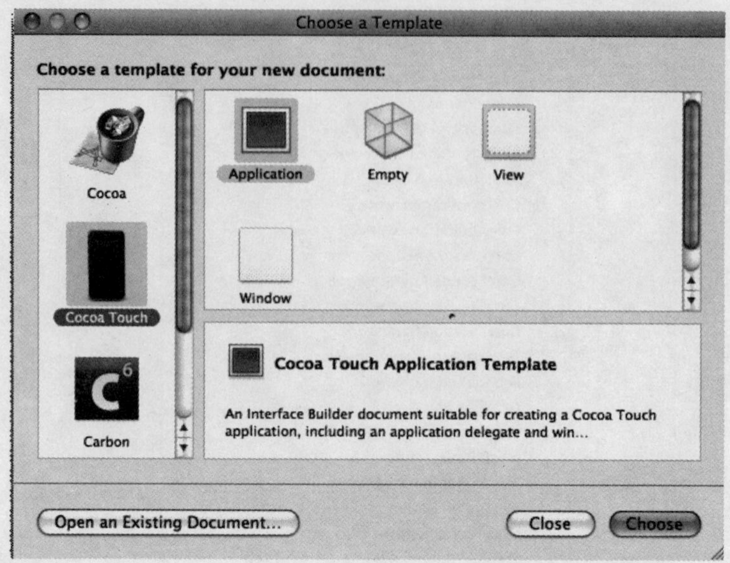

图 3-13 Interface Builder 界面

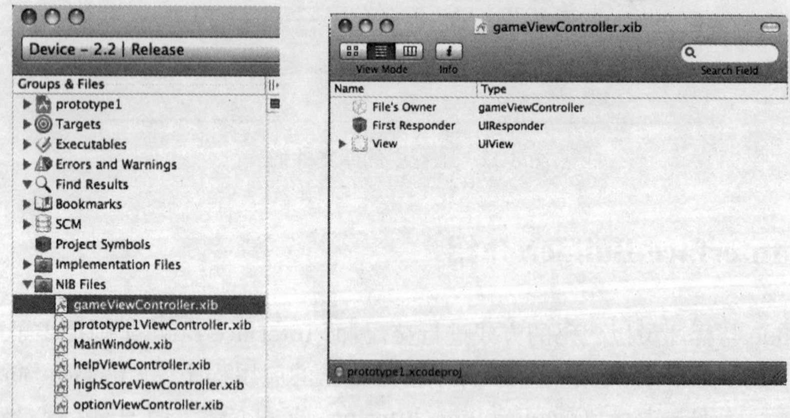

图 3-14 Xcode 中点击“. xib”的示意

下面我们对 Interface Builder 中的控件进行介绍。当我们使用 Interface Builder 创建界面时，需要用到系统提供的控件。此时，可以选择 Interface Builder 中的菜单“Tools→Library”，调出如图 3-16 所示的对话框，包含所有可以用到的控件，分为 4 类：

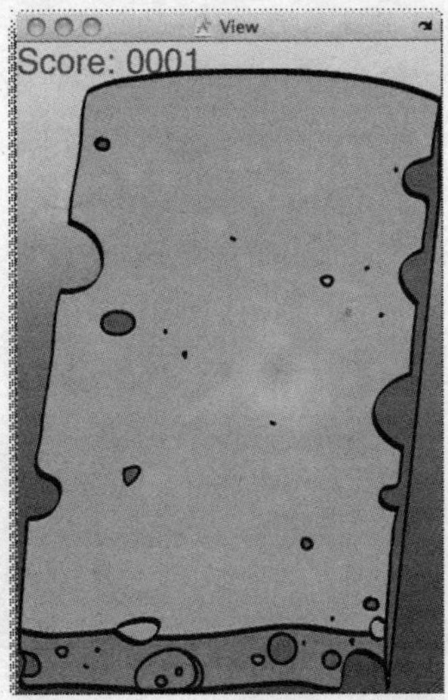

图 3-15 Xcode 中编辑 view 的示意

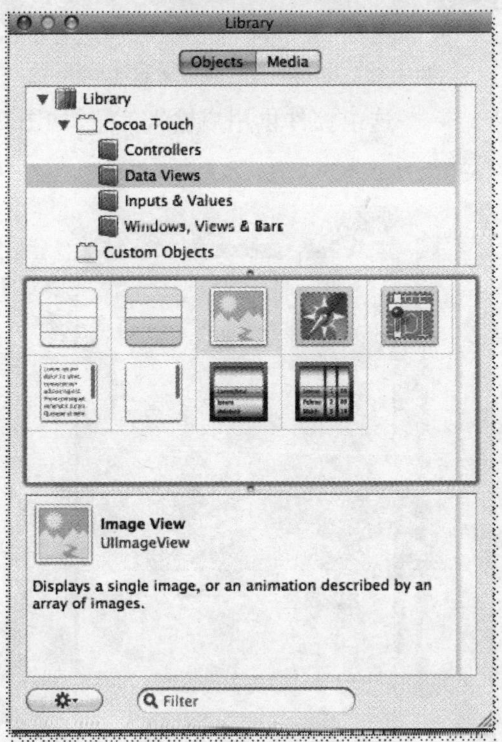

图 3 16 Interface 中的控件对话框

(1) Controllers。这组控件都输入视图的控制器,比如用于控制一般视图的 view controller,用于控制 Navigation 视图的 Navigation Controller 等,在点击具体的 controller 时,对话框下面的信息栏会对该控件作出具体的描述。

(2) Data views。这组控件包括用来显示信息的所有视图,如显示图片用的 Image View,用于信息的 Piker Data,用于选择日期的 Data View 等,如图 3-17 所示。

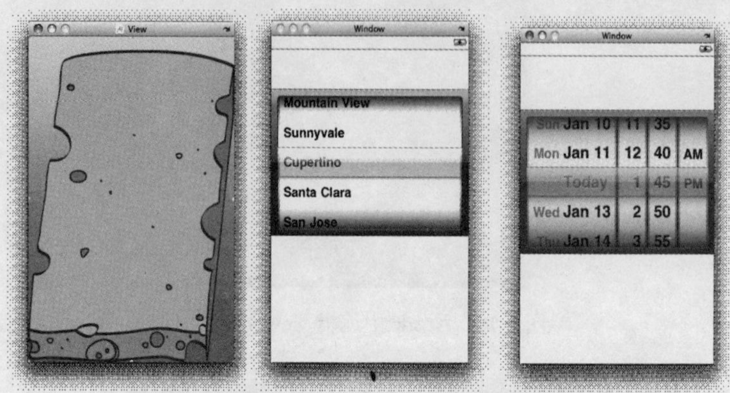

图 3-17 Interface 中的数据控件示意

(3) Inputs & Values。这组控件供用户输入信息,如图 3-18 所示,主要包括按钮、输入文本框、标签等。

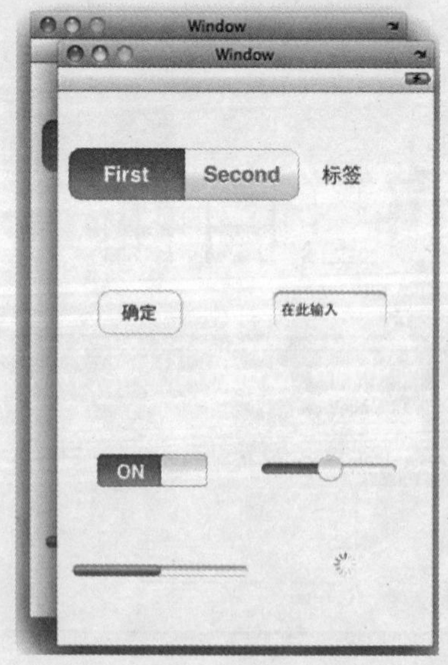

图 3-18 Interface 中的输入控件示意

(4) Windows,Views & Bars。这组控件包括一些有特殊功能的控件,比如用于搜索的搜索框等。

本章小结

本章节带领读者学习了两个最常用的开发工具:Xcode 和 Interface Builder,介绍了如何使用开发工具进行开发,包括建立工程、管理文件、链接库文件等。在学习完本章后,读者应该对 Xcode 和 Interface Builder 开发工具有所了解,能够初步建立简单的工程并进行编译。

本章的部分内容参考了苹果公司的《A Tour of Xcode》和《Interface Builder User Guide》文档,希望读者在学习完本章之后,在以后的学习过程中继续深入阅读这两份文档,不断熟悉 iPhone 编程工具的使用。

4　iPhone 的 UI 编程

4.1　概述

众所周知，一个应用程序最重要的元素之一就是它和用户之间的交互界面，简称为 UI(User Interface)。iPhone 就是凭借其出色的 UI 设计(包括用户体验)，吸引了众人的目光。那么如何让我们自己开发的程序也拥有那些精美的 UI 呢？本章就将向读者着重介绍 iPhone 应用程序开发中所涉及的用户界面编程。

在开始介绍 UI 编程之前，我们先对本章将要详细介绍的 UI 元素进行一些视觉上的感性认识。

图 4-1 所示的是 iPhone 用户界面中最常见的用于接受用户输入的控件——文本框，它在 UIKit 中所对应的类型是 UITextField。使用 UITextField 可以接受用户输入的文字、数字等信息。

图 4-2 所示的是按钮控件，这个控件可以接受用户的触碰事件，并能根据不同的触碰状态改变自己的显示样式。按钮控件在 UIKit 中所对应的类型是 UIButton。

图 4-1　文本框 UITextField

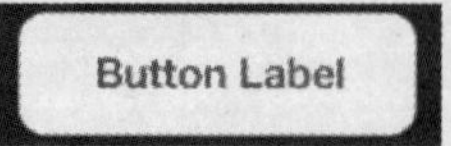

图 4-2　按钮控件 UIButton

图 4-3 所示的元素是 iPhone 用户界面的重要组成部分——表格视图(Table View)，它对应的 UIKit 类型为 UITableView。Table View 是 iPhone 应用程序中最典型的，用于展示一组有序或者结构化的数据视图。它的功能多种多样，既可以向用户展示数据，也可以用于和用户行为进行交互，本章将用一个小节重点介绍这

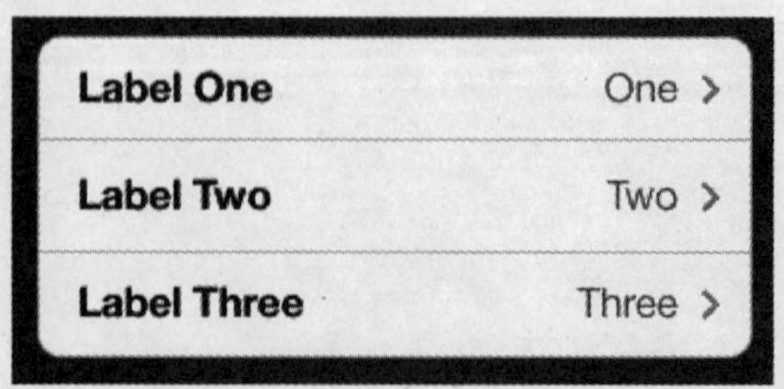

图 4-3　表格视图 UITableView

个视图的运用。

上面 3 种 UI 元素是本书重点介绍的内容。由于 UI 元素的种类非常丰富，本书不能一一详细介绍，更多 UI 元素的编程方法需要读者自己查阅相关的 iPhone SDK 文档进行学习。

下面另外列举一些常见的控件，但本文不会详细介绍，相信读者阅读完本章后，简单阅读一下 iPhone SDK 文档就能轻松对它们进行编程。

图 4-4 所示的控件为开关按钮——UISwitch。它就像一个开关，拥有两个状态，但同时只能有一个状态处于有效状态。它经常被用于要求用户选择应用程序中某项设置的开启或者关闭。

图 4-4 开关按钮 UISwitch

图 4-5 所示的控件称为分段按钮——UISegmentedControl。分段的意思是：它把原本为一整条的按钮，分为了几段，然后用户同时只能选其中的某一段，当分段数为 2 的时候，这个控件在逻辑上和 UISwitch 是一致的。分段按钮可以处理要求用户做多选一的交互情景。

图 4-5 分段按钮 UISegmentedControl

图 4-6 所示的窗口是 iPhone 上的警告视图——UIAlertView。它的视觉效果是显示一个置顶的对话框，要求用户对某些信息进行确认。它可以被用于提示用户一些重要的信息。

图 4-6 警告视图 UIAlertView

图 4-7 所示的是 iPhone 的一个创新控件，叫做选取器，它的作用和传统意义的下拉菜单是相同的，但由于苹果公司的工程师考虑到手持设备屏幕大小有限，只能显示有限的信息，传统的下拉菜单一旦选项多了就很难在一个屏幕中完全显示，所以他们就设计了选取器这一 UI 元素。选取器可以被使用在需要用户在很多的选项中突出选择其中一个的情景。UIPickerView 还可以进行扩展，比如 UIDatePicker 就是将 UIPickerView 的滚动轴扩展成了两个，这样它就不仅是一个选取器，更起到了一个组合选项的作用。

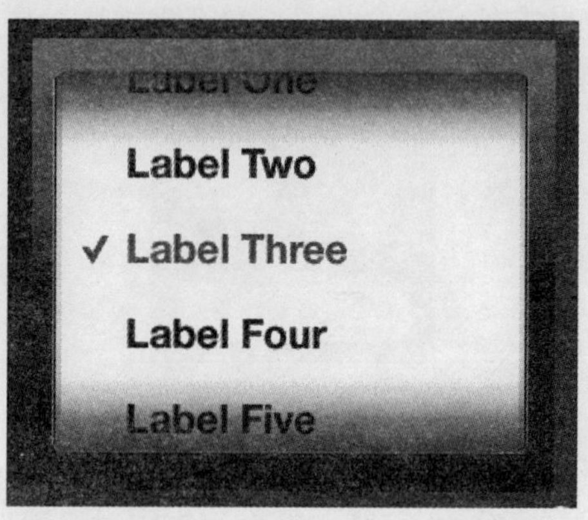

图 4-7　选取器 UIPickerView

iPhone 拥有如此丰富的 UI 元素，为了方便开发者利用这些标准 UI 元素开发基于 iPhone OS 的应用程序，iPhone SDK 中提供了一套功能非常强大的 Framework，称为 UIKit。UIKit 是由 50 多个类型、20 多个 Protocol 和 30 多个函数组成的一个集合，它包括了开发 iPhone OS 应用程序所需要的所有基本元素，其中包括了应用程序框架、窗口、控件、字体等。事实上，按照《iPhone 用户界面准则》手册上的建议，为 iPhone 开发的应用程序应该尽量使用这些标准元素，而不要使用自定义的 UI 元素，这样能够使你开发的程序拥有统一的用户体验，方便用户快速上手。

在 UIKit 中，很重要的一个部分是由 UIView 为基类的一系列类型，它们构成了典型 iPhone 应用程序的界面。事实上，用户能够在界面上看到的所有元素都是继承自 UIView 类型的。图 4-8 所示的是包括 UIView 以及其继承结构中的重要类型的层次图。读者不要因为 iPhone SDK 提供了这么多类型而看得头痛，事实上，这些 UI 元素的工作方式基本都是相似的，读者只要掌握了其中的几个类型，再通过阅读 SDK 文档，就能够轻松掌握所有的这些看似繁复的类型。

下面各节将从最基础的 UIView 开始，向读者简要介绍 iPhone 用户程序开发中的 UI 编程。

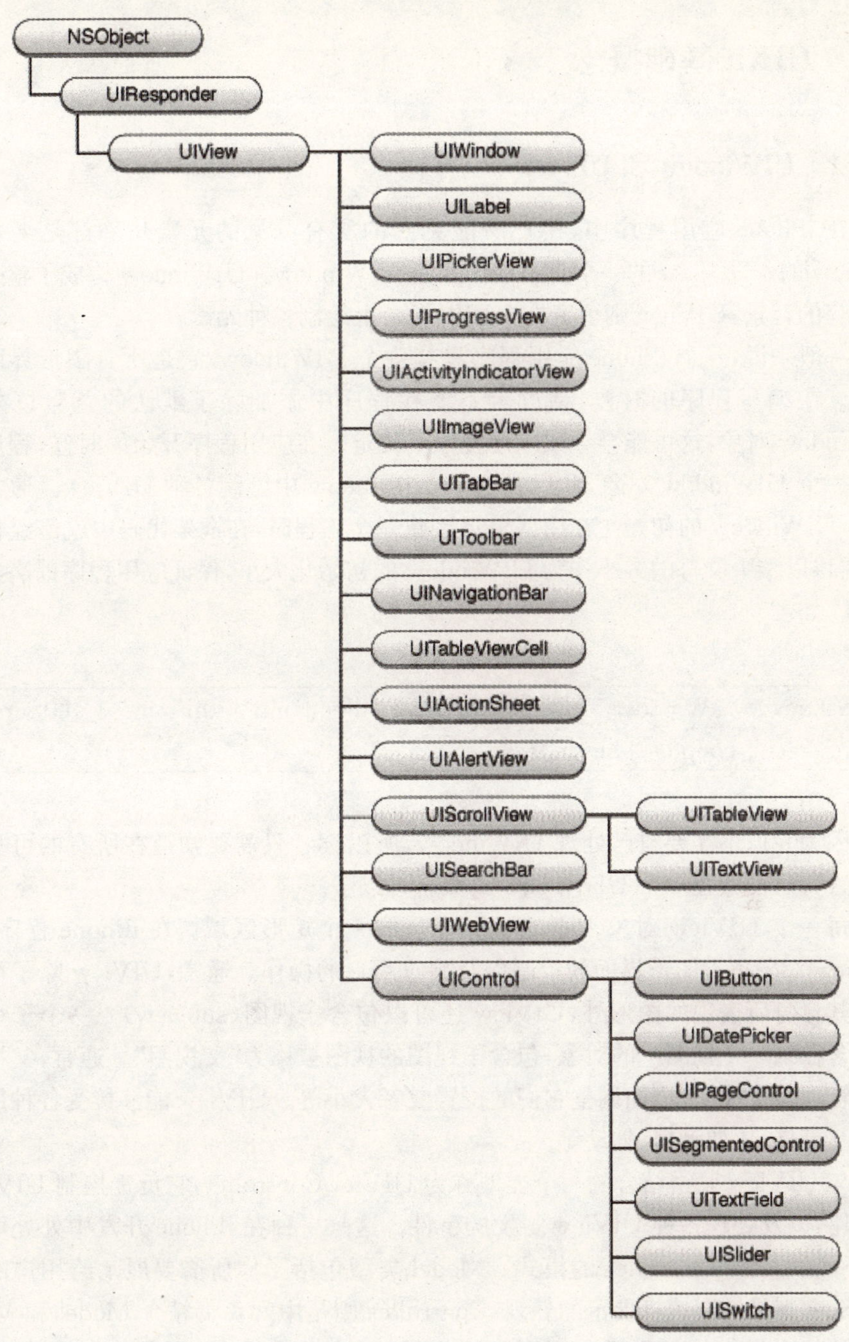

图 4-8 UIKit 类型层次图

4.2 UIKit 基础概念

4.2.1 UIWindow 和 UIView

在 iPhone 应用程序中，用户所能见到的所有可见的元素几乎都是继承自 UIView 的。UIView 的一个重要的子类是 UIWindow。UIWindow 构成了整个显示内容的背景，UIView 则负责在 UIWindow 上绘制各种元素。

一般来说，一个 iPhone 应用程序只有一个 UIWindow，它是所有图形界面的背景。在编写程序的时候，请读者不要在程序中添加除了默认的背景以外的 UIWindow 对象，这可能会导致应用程序不稳定。在应用程序开始的时候，程序将创建一个 UIWindow 对象，此后在这个 UIWindow 中绘制各种 UIView。通常情况下，UIWindow 的初始化在用 Xcode 创建一个工程时，在框架代码中就已经包含了，它将以整个屏幕的大小作为 UIWindow 的初始化大小，保证应用程序铺满整个屏幕。如：

```
UIWindow * aWindow = [[[UIWindow alloc] initWithFrame:[[UIScreen
mainScreen] bounds]] autorelease];
```

因为我们不需要自己处理 UIWindow，所以读者只需要知道在所有的可见用户元素背后都存在一个 UIWindow 对象就可以了。

每一个 UIView 对象占据显示屏幕上的一个矩形区域。在 iPhone 程序中，UIView 对象负责图形界面的绘制以及响应用户的操作。通常，UIView 除了可以显示其自身所表现的图形外，UIView 还可以包含子视图(subview)。一个子视图是包含在某一个视图中的对象，包含子视图的视图被称为“父视图”。通常，父视图负责管理其子视图，比如调整它们的位置或者大小等。UIView 能够接受各种用户的交互事件，比如触摸、划动等。

与 UIView 紧密结合的一个类型称为 UIViewController，它负责控制 UIView 的创建，以及处理各种 UIView 触发的事件。这是一种在 iPhone 开发中处处可见的 Model-View-Controller 的模式。Model 类型包括了你所需要展示给用户的信息，View 则是控制信息展示的外观，Controller 则是中间负责粘合 Model 和 View 两者的粘合剂。在这里，我们强烈推荐英语能力较强的读者认真仔细地阅读一下 iPhone SDK 文档中的《View Controller Programming Guide for iPhone OS》，这是

iPhone编程思想的精华所在。

图4-9显示的是iPhone应用程序的图形界面的基本框架。从图中我们可以看到,一个iPhone程序的界面可以被看做一个分层结构,UIWindow为最底层背景,每个子视图都叠加显示在父视图之上,最后构成一个完整的iPhone应用程序界面。

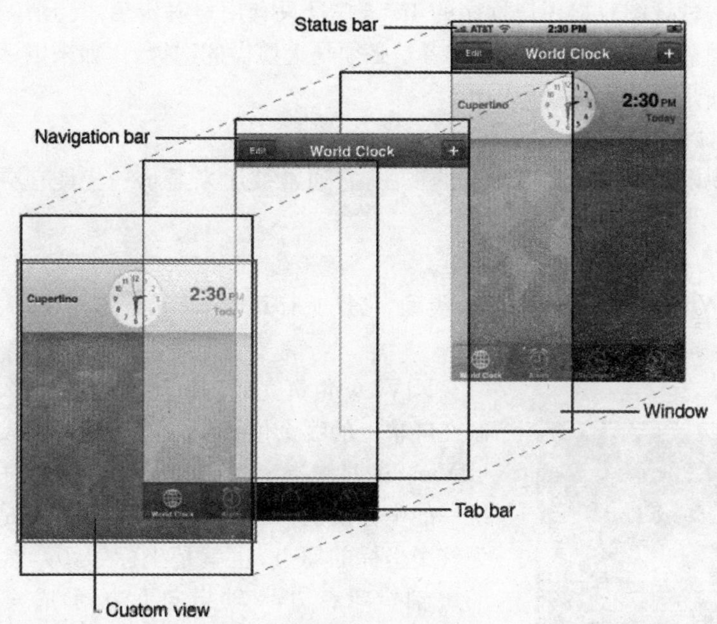

图4-9 一个应用程序界面的分层结构

UIView根据不同的层次关系,可以被划分为如下几种类别:

1) 容器

容器视图提供了对其所包含的视图的一种视觉划分,比如UIScrollView类型将其子视图包装成一个适合屏幕大小的区域,通过滚动来显示超过屏幕大小的部分。

2) 控件

控件类型用于创建常见的应用程序交互接口,比如按钮、文本框、滑块等。这些控件通常控制了某个程序中的参数,通过对用户交互的处理,对这些参数进行控制。

3) 显示视图

显示视图用于向用户显示程序希望表达的信息。比如图像视图、标签、进度条等。

4）文本和网页视图

文本和网页视图提供了丰富的用于显示文字的界面，可以在应用程序中嵌入可编辑的、支持多行的文本框，以及完整的网页显示。

5）警告视图和动作单

警告视图和动作单用于提示用户某项必须要注意的信息或者是必须要进行的选择。这两种视图获得用户程序的焦点，并且只有用户确定后才会消失。它们被用来提示用户一些重要的信息，或者是必须马上要做的选择，比如来电话时所显示的“接听”还是“挂断”。

6）导航视图

导航视图用于连接几个分开的视图，它通常被用来显示一些具有层级结构的信息。

7）顶层 Window

顶层 Window 即 UIWindow 类型，它是所有其他 UI 元素的容器。

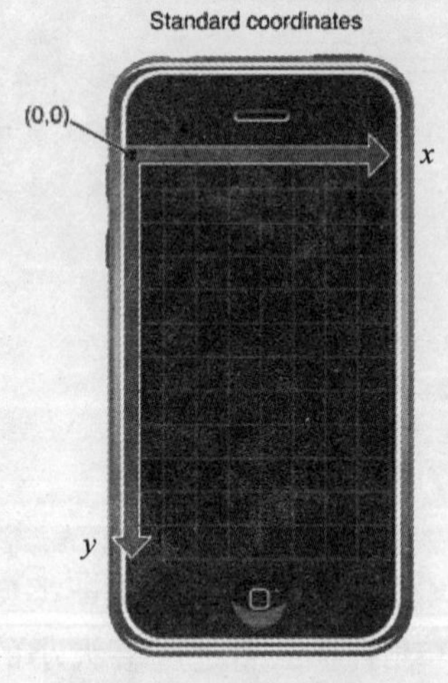

图 4-10 UIKit 中的统一坐标模型

UIView 负责完成对自己的绘制，那么究竟是绘制在屏幕上的哪个位置呢？这需要开发人员在创建 UIView 的时候指定。在 iPhone UI 开发中，有一个统一的坐标模型，如图 4-10 所示，我们总是以左上角为整个坐标的原点，也就是坐标(0,0)，然后坐标轴的 x 轴指向右边，y 轴指向下边，形成一个大小为 640×480 的矩形空间。

当我们要创建并初始化一个 UIView(或者其子类)的时候，我们通常使用“initWithFrame:”这个方法，用来指定该 UIView 对象的大小以及它在屏幕上的位置，该方法接受一个 CGRect 类型的参数，通过这个参数对 UIView 对象的方位大小进行设定。CGRect 是一个非常简单的结构，它有两个成员，分别为 CGPoint orgin 和 CGSize size，CGPoint 类型包含 x 和 y 两个成员，它们都是 CGFloat 类型，CGSize 包含 width 和 height 两个成员，它们也是 CGFloat 类型。通常我们使用 CGRectMake 函数来创建一个 CGRect 对象。如下面的代码所示：

```
CGRect viewRect = CGRectMake(50, 40, 100, 100);
```

这样，我们就创建了一个定义(50,40)为矩形左上顶点坐标、长宽各为 100 像素的 CGRect 对象。用这个 viewRect 对象，我们可以初始化该对象所定义的矩形范围的 UIView 对象，如下面的代码所示：

```
UIView * myView = [[UIView alloc] initWithFrame:viewRect];
```

下面我们来做个实验，动手体会一下 UIView 的初始化。我们打开 Xcode，选择创建一个新的工程。工程类型选择为 View-based Application，也就是基于 View 的应用程序，如图 4-11 所示。

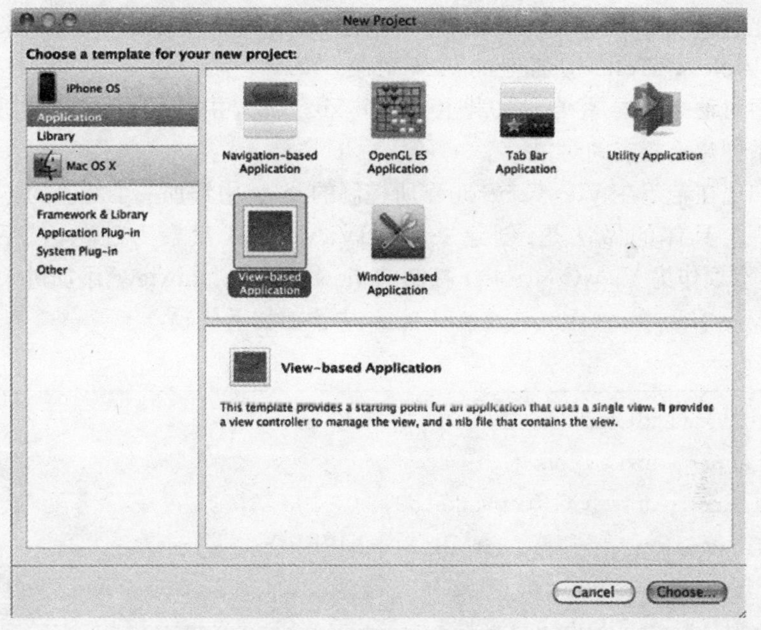

图 4-11 创建一个基于 View 的应用程序工程

我们为新工程取名为“ViewCoordinate”。创建好工程之后，我们可以看到 Xcode 为我们建立了一个程序框架，其中包括两个类型：ViewCoordinateAppDelegate 和 ViewCoordinateViewController。

ViewCoordinateAppDelegate 是应用程序的代理类型，负责处理应用程序所发出的事件。比如：

- (void)applicationDidFinishLaunching:(UIApplication *)application

处理当应用程序完成加载后的事件。

ViewCoordinateViewController 负责管理我们的 UIView 对象。比如在 UIView 创建完成时执行代码、控制 UIView 的重新绘制等。

另外，Xcode 还为我们生成了两个 xib 文件，xib 用于方便编程人员进行 UI 界面的设计，请读者参考学习如何使用 Interface Builder 来设计 iPhone 应用程序的 UI。

MainWindow. xib 是程序启动后自动加载的第一个 xib 文件。在这个 xib 文件中，定义了 UIApplication 的 delegate，也就是我们的 ViewCoordinateAppDelegate。还定义了一个 UIViewController，也就是我们的 ViewCoordinateViewController。设定这个 ViewController 通过加载一个 xib 进行初始化。

ViewCoordinateViewController. xib 就是 ViewCoordinateViewController 对象初始化时加载的 xib 文件，在这个 xib 文件中，定义了一个 UIView 对象，它就是这个 UIViewController 所控制的 view 对象。

程序启动的时候，将自动加载上述两个 xib 文件，并根据 xib 文件中所描述的各种关系创建出相应的对象。

我们现在希望在 ViewController 所控制的 view 中添加一个红色的方块，应该怎么做呢？具体的做法是：创建一个 UIView，令其背景为红色，然后将这个 UIView 对象作为 ViewController 控制的 view 的一个"subview"添加进来。所以，我们在 ViewCoordinateViewController. m 中添加如下代码：

```
- (void)viewDidLoad {
    [super viewDidLoad];
    CGRect rect = CGRectMake(50, 50, 100, 100);
    UIView *v = [[UIView alloc] initWithFrame:rect];
    v.backgroundColor = [UIColor colorWithRed:1.0 green:0 blue:0 alpha:1];
    [self.view addSubview:v];
    [v release];
}
```

然后运行程序试试看吧。

你应该可以看到如图 4-12 所示的运行效果，以(50,50)为矩形的左上顶点，我们绘制了一个长宽各为 100 的矩形 UIView，该 UIView 的背景被设置成为红色。

既然大部分 UI 元素都是继承自 UIView 的，也就是说上面代码中的 UIView 可以替换为这些子类型，读者可以自行做一些实验。比如，可以将 UIView 替换为

UIDatePicker，效果如图 4-13 所示。

图 4-12　UIView 示例程序

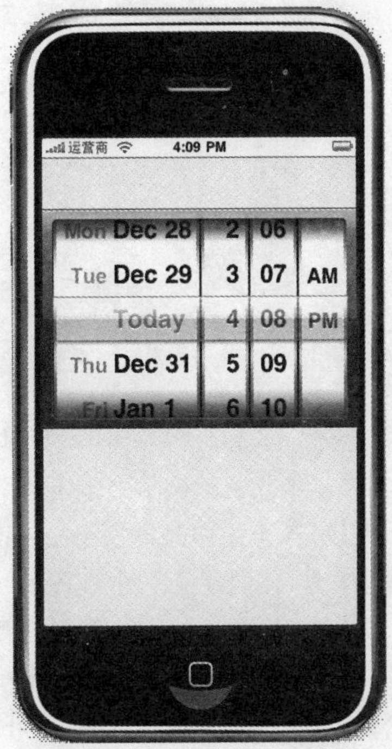

图 4-13　用 UIDatePicker 替换 UIView 示例程序中的 UIView

4.2.2　UIKit 中的交互模式

下面简单介绍一下 UIKit 中用户操作与应用程序之间的交互模式，了解了交互模式之后再加上之前了解到的基础概念，读者就可以编写一些有趣的、能够和用户交互的应用程序了。

和大部分图形界面应用程序的设计思想一致，iPhone 应用程序也是一种事件驱动的应用程序。当用户的程序开始执行后，UIKit 内部提供了一个轮询机制，不断检查用户是否有触摸 iPhone 或者按下“退出按钮”的动作。当出现类似事件后，UIKit 发出信息，通知用户应用程序对该信息进行处理，用户应用程序的消息处理方法由编程人员设定，于是相应的处理代码被执行，在程序界面上显示出交互的结果，从而完成程序与用户交互的过程。图 4-14 是描述上述过程的一张示意图，按照箭头从左至右是 UIKit 通知应用程序交互事件的过程，然后应用程序处理完相应的事件后，再按照箭头方向从右至左控制 UIKit 重新绘制用户界面，最终完成交互过程。

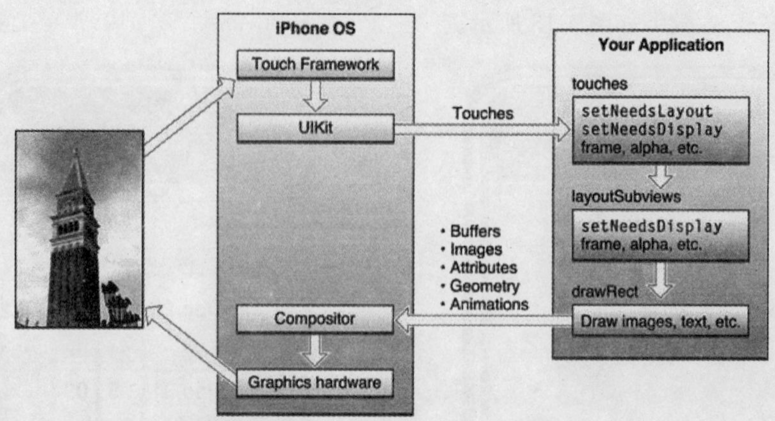

图 4-14 UIKit-应用程序-用户之间的交互过程示意图

下面举个简单的例子来说明这个交互过程。在这个应用程序中，我们设计一个按钮，并设定，当用户触摸这个按钮时，显示一个弹出窗口并提示用户触摸了按钮。

同样地，我们建立一个 View-based 应用程序工程，取名为 TouchTest。有了上面的程序的经验，这次我们直接打开 TouchTestViewController. xib，对用户界面进行设计。从 Library 工具箱中，拖拽一个 Round Rect Button(见图 4-15)到窗口中，并将其放在合适的位置上，比如屏幕中央，如图 4-16 所示(如果对 Interface Builder 不熟悉，请参阅本书的相关部分)。

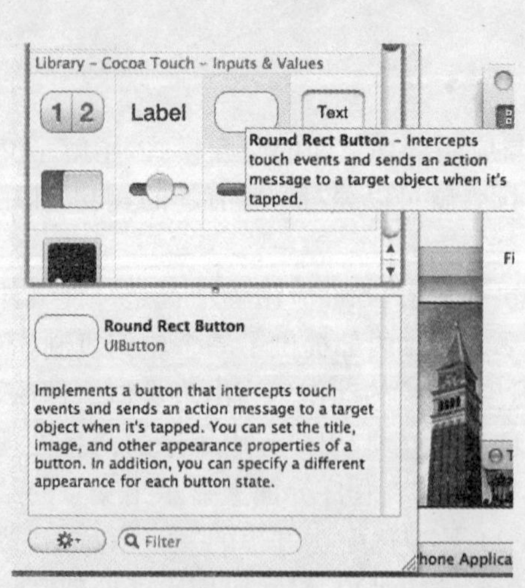

图 4-15 UIButton 在 Library 中的位置

图 4-16 将 UIButton 对象放置到合适的位置

接着在 TouchTestViewController 的 interface 声明中，添加一个 UIButton 成员对象将其定义为一个 property，并在 implementation 中 sythesize 这个 property。

```
// 在 TouchTestViewController.h 中
@interface TouchTestViewController : UIViewController {
  UIButton *myButton;
}
@property (retain, nonatomic) IBOutlet UIButton *myButton;
@end

// 在 TouchTestViewController.m 中
@implementation TouchTestViewController
@synthesize myButton;
- (void)didReceiveMemoryWarning {
    // Releases the view if it doesn't have a superview.
    [super didReceiveMemoryWarning];
    // Release any cached data, images, etc that aren't in use.
}
- (void)viewDidUnload {
    // Release any retained subviews of the main view.
    // e.g. self.myOutlet = nil;
}
- (void)dealloc {
    [super dealloc];
}
@end
```

然后在 Interface Builder 中将按钮指定为 ViewController 中刚才声明的 myButton 成员，如图 4-17 所示。

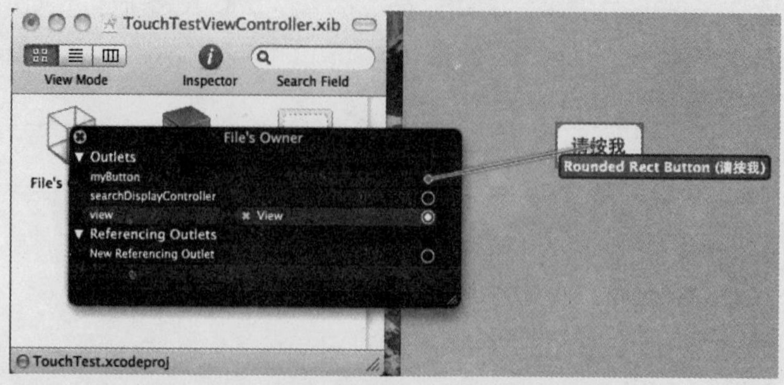

图 4-17 关联 myButton 和 xib 中的按钮

再后在 ViewController 中实现 UIButton 的事件处理函数:

```
// 在 TouchTestViewController.h 中
- (IBAction) onButtonTouched:(id)sender;

// 在 TouchTestViewController.m 中
- (IBAction) onButtonTouched:(id)sender {
    UIAlertView * alv = [[UIAlertView alloc] initWithTitle:@"提示"message:
@"你按了这个按钮" delegate:nil cancelButtonTitle:@"确定" otherButtonTitles:
nil];
    [alv show];
    [alv release];
}
```

最后在 Interface Builder 中关联 myButton 到"onButtonTouched:方法",见图 4-18 所示。

然后运行程序,我们可以看到,当用户触摸按钮后,程序会弹出一个窗口,提示用户信息,如图 4-19 所示。

至此,我们了解了 UIKit 的基本概念,有了上面的知识,我们接下来就可以编写一些能够和用户交互的、有趣的应用了。

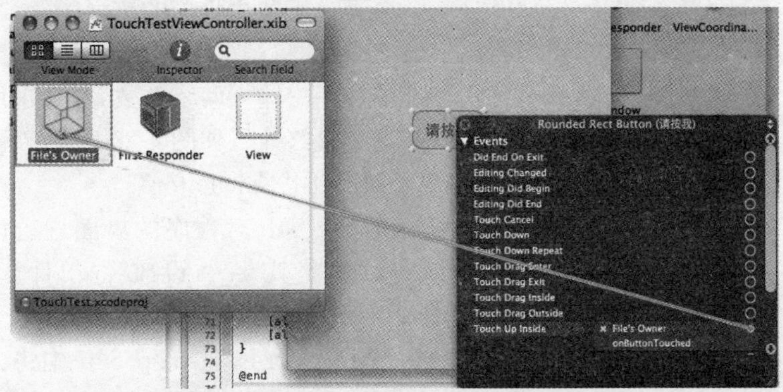

图 4-18 关联 myButton 的 Touch Up Inside 事件到"onButtonTouched:方法"

图 4-19 交互事件处理示例运行效果图

4.3 编写一个简单的计算器

此前两节中，读者学习了很多新知识，需要动手练习一下才能有更深入的体会。所以本节我们结合上述知识，完成一个有一定实用价值的小程序。

描述一下我们将要实现的程序的功能。我们将编写一个能够对两个整数进行加减乘除四则运算的程序，该程序应该能够让用户输入两个整数，并要求用户选择运算方法，最后能够输出运算结果。程序运行最终效果如图 4-20 所示。

首先我们创建一个基于 View 的工程，取名叫“Calculator”。

接下来我们打开 CalculatorViewController. xib 对程序的界面进行设计。拖拽一个 UILabel 元素到界面上，在 Inspector 中将其 Text 设成“简单计算器”。然后拖拽两个 UITextField 元素到界面上，用于给用户输入计算数字。为了让用户能选择运算方法，我们使用一个 UISegmentedControl，在 Inspector 中将分段数分为 4 段，并将各段名字设为“加”、“减”、“乘”、“除”。我们还需要一个按钮用于确认计算，所以拖一个 UIButton 到界面上，并在 Inspector 中，将 Title 改成计算。最后我们需要一个 UILabel 来显示计算结果。整个 UI 设计完成后，如图 4-21 所示。

图 4-20 简单计算器程序运行效果

图 4-21 简单计算器 UI 界面设计

然后我们需要在 CalculatorViewController 类中建立相应的成员变量,对应各 UI 元素。

在 CalculatorViewController.h 中输入以下代码:

```
@interface CalculatorViewController : UIViewController {
    IBOutlet UISegmentedControl *m_segControl;
    IBOutlet UIButton          *m_btnCalculate;
    IBOutlet UILabel             *m_lblResult;
    IBOutlet UITextField         *m_txtFirst;
    IBOutlet UITextField         *m_txtSecond;
    NSInteger                   m_nType;
}
@property(nonatomic, retain) UISegmentedControl *m_segControl;
@property(nonatomic, retain) UIButton           *m_btnCalculate;
@property(nonatomic, retain) UILabel            *m_lblResult;
@property(nonatomic, retain) UITextField        *m_txtFirst;
@property(nonatomic, retain) UITextField        *m_txtSecond;
@property(nonatomic)         NSInteger           m_nType;
@end
```

并在 CalculatorViewController.m 中合成相应的属性:

```
@implementation CalculatorViewController
@synthesize m_segControl;
@synthesize m_btnCalculate;
@synthesize m_lblResult;
@synthesize m_txtFirst;
@synthesize m_txtSecond;
@synthesize m_nType;
@end
```

既然我们要实现计算器的功能,我们需要编写一个将两个数字进行四则运算的函数。在 CalculatorViewController. m 中添加：

```
- (NSInteger) doCalculationWithFirst: (NSInteger) first second: (NSInteger)
second {
    NSInteger res = 0;
    switch (m_nType) {
        case 0:
            res = first + second;
            break;
        case 1:
            res = first - second;
            break;
        case 2:
            res = first * second;
            break;
        case 3:
            res = first / second;
            break;
        default:
            break;
    }
    return res;
}
```

该函数接受两个整型参数，输出计算结果，运算方法则通过"m_nType"这个成员变量的值来进行判断。

接下来我们需要连接用户的行为和程序的行为。我们的这个程序接受两个非默认的用户行为(默认的用户行为如用户触摸 UITextField，将显示一个虚拟键盘，这些是不需要我们编程实现的)：第一是用户点击"UISegmentedControl"后，程序中的"m_nType"需要进行相应的改变；第二是用户点击"UIButton"后，程序需要输出计算结果。我们为这两个行为建立两个处理函数。在 CalculatorViewController. h 中添加：

```
- (IBAction)onCalculate:(id)sender;
- (IBAction)onTypeChange:(id)sender;
```

然后在 CalculatorViewController. m 中添加：

```
- (IBAction)onCalculate:(id)sender {
    NSInteger first = [self.m_txtFirst.text integerValue];
    NSInteger second = [self.m_txtSecond.text integerValue];
    NSInteger res;
    res = [self doCalculationWithFirst: first second: second];
    self.m_lblResult.text = [NSString stringWithFormat:@"%d", res];
}

- (IBAction)onTypeChange:(id)sender {
    self.m_nType = self.m_segControl.selectedSegmentIndex;
}
```

其中，"onCalculate:"函数响应用户触摸"计算"按钮时的事件，它从两个 UITextField 对象中读出它们的内容，并通过 NSString 在 UIKit 中扩充的 integerValuc 方法获取字符串对应的数值。然后将获得的数值送入计算函数进行计算。最后将结果标签的文字设置为计算结果。

"onTypeChange:"函数则比较简单，它相应于 UISegmentedControl 的变化事件，并将"m_nType"的值设为分段控件中当前所选中的位置。

编程的最后一步是将上述的事件处理函数和 UI 对象之间联系起来，这又用到了 Interface Builder。在 Interface Builder 中，将 UISegmentedControl 的 Value Changed 事件处理函数设为"onTypeChange:"，如图 4-22 所示。将"计算"按钮的 Touch Up Inside 事件处理函数设置为"onCalculate:"，如图 4-23 所示。

至此，整个程序就实现完毕了。动手运行一下试试看吧！

本节我们练习了前面两小节中学习到的知识，进一步熟练了 Xcode 和 Interface Builder 两者的使用。希望读者能够根据上述内容自己创造一些小程序，巩固所学的知识。

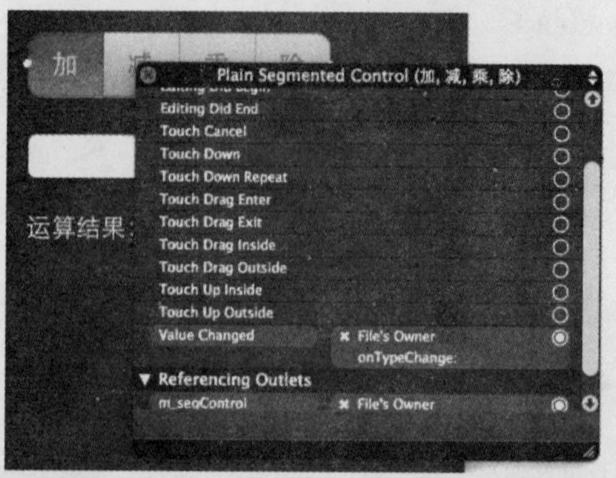

图 4-22 设置 UISegmentedControl 的 Value Changed 事件处理函数为"onTypeChange:"

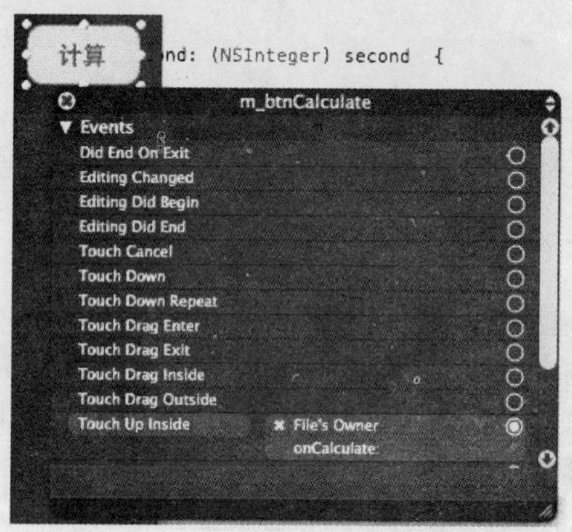

图 4-23 将"计算"按钮的 Touch Up Inside 事件处理函数设置为"onCalculate:"

4.4 显示表格以及层次信息

本节将向读者介绍在 iPhone 程序中，如何使用 UIKit 中的 Table 视图(Table View)及其相关类型，它们可以有效地向用户展示具有表格结构或者层次结构的信息。

Table 视图在 iPhone 应用程序中随处可见(见图 4-24)。它在应用程序中有很多的用处。Table 视图向用户展示了一个包含多行项目(Item)的可滚动的列表，这个列表可以是一个连续的列表,也可以被分为几个段落(Section),用户可以与表格中的元素进行交互,比如说选中某个项目等。每个项目的显示也是可以由开发人员自定的,包括行高、项目内的子元素等。

4.4.1 认识 Table 视图

在我们开始进行 Table 视图编程之前,我们先对 Table 视图做一个全面的介绍,这样可以帮助读者对 Table 视图的开发有更好的理解。

图 4-24 所示是一个最普通的 Table 视图,这是 iPod 应用程序的用户界面,从中我们可以看到,整个界面最核心的部分显示的是一个 Table 视图。这个 Table 视图由许多行组成,每一行中包含了一行文字,以及一个指示符号,图中的指示符号为一个小箭头"›"。iPhone 用户界面开发规范中指出:这个小箭头的意思表示"选择该项后,将会显示下一层次的信息"。

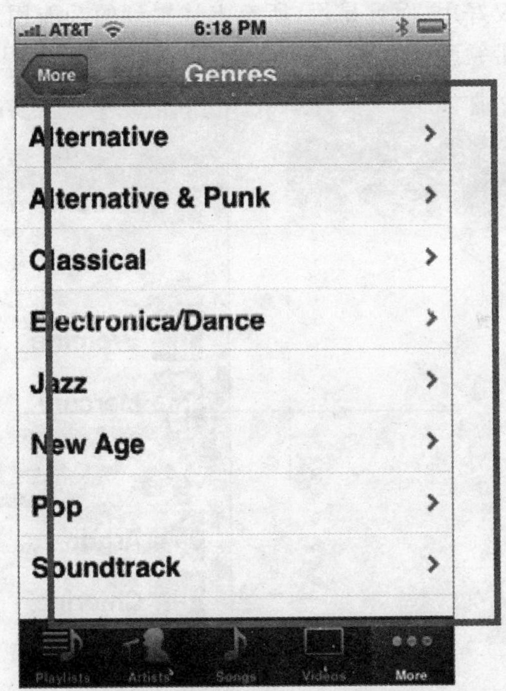

图 4-24 普通的 Table 视图

除了图中显示的箭头指示符外,还有另外两种指示符。

"◉":这是一个可以被点击的按钮,表示用户点击这个按钮后,将会显示关于该项目的更详细的信息。

"✔":这个指示符通常被用于显示一组可被选择的选项,这个指示符出现在被选中的那个选项上。

Table 视图有很强大的展示信息能力，除了上述最简单的 Table 视图外，它还支持将 Table 内的项目按照开发人员的需要加上索引，如图 4-25 所示。用户可以通过点击右侧出现的索引栏上的索引条目，在大量的数据中方便地进行浏览。在 Table 视图的顶部将会出现一个索引框，显示当前内容所属的索引条目的名称。这些灵活方便的功能都可以在 Table 视图中轻松实现。

Table 视图另一个非常有用的功能是分组。分组可以将不同概念的信息在视觉上划分开，如图 4-26 所示。开发人员可以设置每个分组的标题和脚注，如图 4-27 所示。

通过对 Table 视图的细致了解，我们可以发现 Table 视图的灵活性和重要性，在我们开发用户应用程序时，Table 视图是我们非常有用的一个工具。虽然 Table 视图有这么多的功能，看上去相当复杂，但其实由于“苹果”开发人员的精心设计，使得 Table 视图不仅好用，而且易用，所有上述提到的功能用几十行代码就能实现。下一节内容将带领读者由浅入深地学习 Table 视图的编程方法。

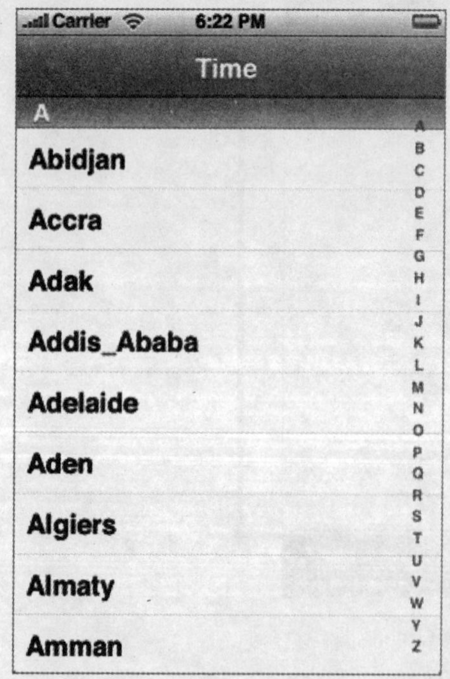

图 4-25　Table 视图中的索引栏

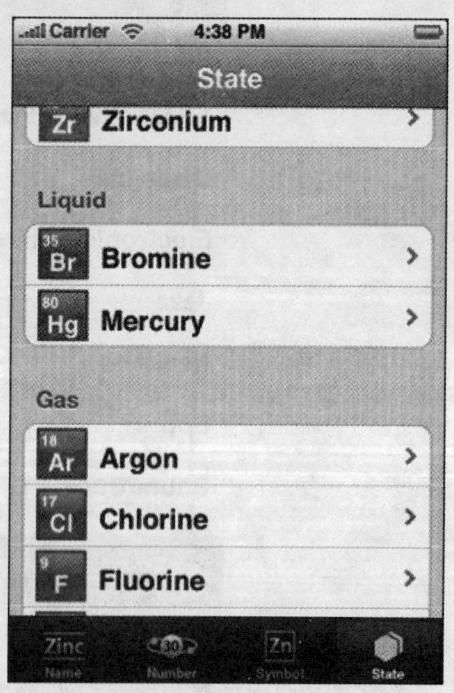

图 4-26　分组显示的 Table 视图

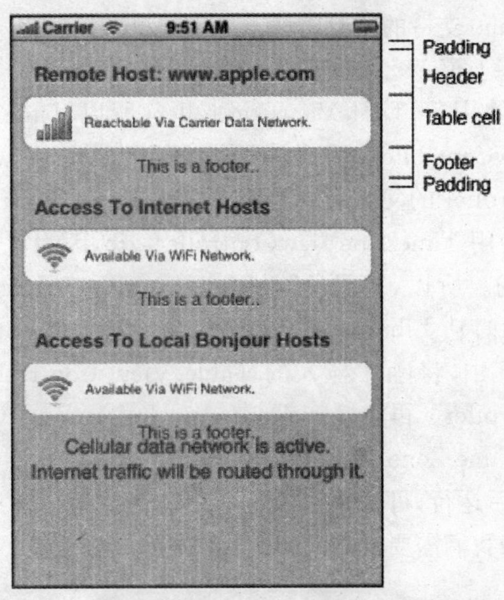

图 4-27 可以为分组的 Table 的每个组设置标题和脚注

4.4.2 用 Table 视图显示大量数据

有些程序需要向用户显示大量的信息，比如显示 Youtube 上所有的视频，或者显示 iPhone 中所有的音乐等。显示这些信息的最好工具就是 Table 视图。

对于 Table 视图，有两个重要的相关类别：UITableViewDataSource 和 UITableViewDelegate。这两个类别加上 UITableView 本身，形成了经典的 Model-View-Controller 模式。其中，UITableView 为“View”部分，UITableViewDataSource 则是“Model”部分，而 UITableViewDelegate 则是“Controller”部分。UITableViewDataSource 提供了诸如告诉 TableView 一共有多少个分组，每个分组有多少条记录以及每行中所包含的元素等信息。UITableViewDelegate 则提供当 Table 视图中的行被选中时的处理方法，以及告诉 Table 视图每一行的行高等。

虽然逻辑上三者是独立的，但为了简化编程，通常我们会将 UITableViewDataSource 和 UITableViewDelegate 集合在同一个类型上，因为它们是类别，而一个类型可以遵循多个类别，所以将它们两者结合在一起是可以的。UITableViewController 类型就是这样一个同时遵循这两种类别的类型，而且使用 UITableViewController 也非常简单，所以在很多情况下，我们会通过扩展 UITableViewController，实现对 Table 视图的控制。

下面通过一个简单的例子来说明如何使用 Table 视图。这个示例是通过

Table 视图显示 iPhone 支持的所有时区。

首先创建一个基于 View 的工程，取名为“TimeZone”。

因为这次我们使用 UITableViewController，所以 TimeZoneViewController 不应继承自 UIViewController，而应该继承自 UITableViewController，所以将 TimeZoneViewController 的父类型设置成 UITableViewController。

我们也不需要使用 TimeZoneViewController. xib，因为对于 Table 视图来说，nib 文件是不需要的。所以，打开 MainWindow. xib，在 Document 窗口中删除 View Controller。同时从 Library 中拖一个 Table View Controller 到 Document 窗口中，在 Inspector 中，将刚才拖入的 Table View Controller 的 Class 设置成 TimeZoneViewController。再将 TimeZone App Delegate 的 viewController 对象关联到刚才添加的 Time Zone View Controller 上。

现在，保存工程后运行，可以看到如图 4-28 所示的运行效果，程序显示了一张空白的表格。接下来我们需要告诉 Table 视图显示什么信息。

图 4-28　空白的 Table 视图

在 TimeZoneViewController 中添加一个属性“NSArray ＊timeZoneNames”。在这个 NSArray 中存放我们将要显示的 TimeZone。

```
// In TimeZoneViewController.h
@interface TimeZoneViewController : UITableViewController {
    NSArray *timeZoneNames;
}

@property (nonatomic, retain) NSArray *timeZoneNames;
@end

//In TimeZoneViewController.m
@implementation TimeZoneViewController
@synthesize timeZoneNames;
@end
```

然后我们在 TimeZoneViewController 被创建出来的时候初始化 timeZoneNames。在 TimeZoneViewController.m 中添加如下代码：

```
- (void)viewDidLoad {
    [super viewDidLoad];
    NSArray *timeZones = [NSTimeZone knownTimeZoneNames];
    NSMutableArray *nTimeZones = [NSMutableArray
arrayWithCapacity:timeZones.count];
    NSLocale *loc = [[NSLocale alloc] initWithLocaleIdentifier:@"zh_CN"];
    for(NSString *item in timeZones) {
        [nTimeZones addObject:[[NSTimeZone timeZoneWithName:item]
localizedName:NSTimeZoneNameStyleStandard locale:loc]];
    }
    [loc release];
    self.timeZoneNames = nTimeZones;
}
```

viewDidLoad 方法将会在通过 nib 文件创建 view 完毕后自动被调用。通过

NSTimeZone 类别,可以获得 iPhone 支持的时区列表,NSTimeZone 的具体使用方法请读者自行参考 iPhone SDK 文档。

然后在 TimeZoneViewController 中实现 UITableViewDataSource 类别相应的方法:

```
    - (NSInteger)numberOfSectionsInTableView:(UITableView *)tableView,
    - (NSInteger)tableView:(UITableView *)tableView
numberOfRowsInSection:(NSInteger)section
    - (UITableViewCell *)tableView:(UITableView *)tableView
cellForRowAtIndexPath:(NSIndexPath *)indexPath
```

其中,“numberOfSectionsInTableView:”方法告诉 tableView 有几个分段,这里是 1 个。

“tableView:numberOfRowsInSection:”方法告诉 TableView 每个分段内有几行记录,这里是 timeZoneNames 的长度。

“tableView:cellForRowAtIndexPath:”方法告诉程序每行记录的显示方法,它返回一个 UITableViewCell 对象,描述了当前行的显示内容。

具体实现如下:

```
- (NSInteger)numberOfSectionsInTableView:(UITableView *)tableView {
    // There is only one section.
    return 1;
}
- (NSInteger)tableView:(UITableView *)tableView
numberOfRowsInSection:(NSInteger)section {
    // Return the number of time zone names.
    return [timeZoneNames count];
}
- (UITableViewCell *)tableView:(UITableView *)tableView
cellForRowAtIndexPath:(NSIndexPath *)indexPath {
    static NSString *MyIdentifier = @"MyIdentifier";
```

```
    // Try to retrieve from the table view a now-unused cell with the given
identifier.
    UITableViewCell *cell = [tableView
dequeueReusableCellWithIdentifier:MyIdentifier];
    // If no cell is available, create a new one using the given identifier.
    if (cell == nil) {
        // Use the default cell style.
        cell = [[[UITableViewCell alloc]
initWithStyle: UITableViewCellStyleDefault reuseIdentifier: MyIdentifier]
autorelease];
    }
    // Set up the cell.
    NSString *timeZoneName = [timeZoneNames objectAtIndex:indexPath.
row];
    cell.textLabel.text = timeZoneName;
    return cell;
}
```

其中,前两个函数的实现是非常容易理解的,最后一个函数看上去有些复杂。iPhone 的工程师考虑到 iPhone 的硬件能力有限,所以在创建 Table 视图的时候并不会把所有的数据都同时创建出来,而只创建那些能被用户看到的数据。每次有新的数据被显示出来的时候,通常也伴随着某些数据移出可见范围,所以 iPhone 的 Table 视图并不会直接从内存中申请新的内存空间,而是先去查看是否有移出视野从而可以被重复利用的 UITableViewCell 对象。如果有,则直接用这个对象,否则再去向内存申请新空间。这样可以大大加快程序运行速度,因为我们知道内存分配是十分耗时的一项操作。

至此,这个简单的程序就完成了,运行一下试试看吧。程序运行效果如图 4-29 所示。

接下来我们扩展一下以上的程序,将 Table 视图分为多个分段,并用 TimeZone 的第一个字作为分段标题。程序的运行效果如图 4-30 所示。

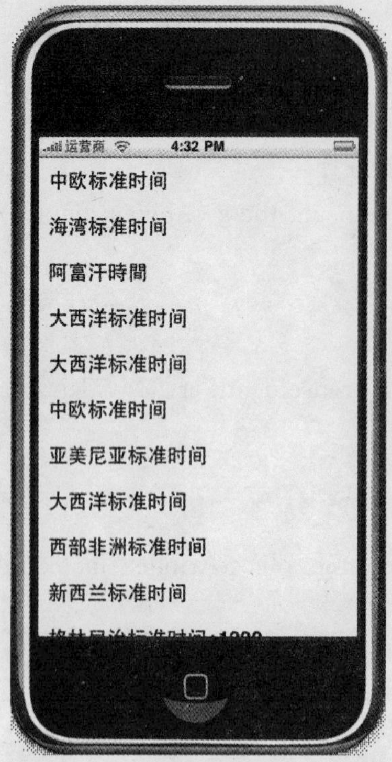

图 4-29 TimeZone程序运行效果图

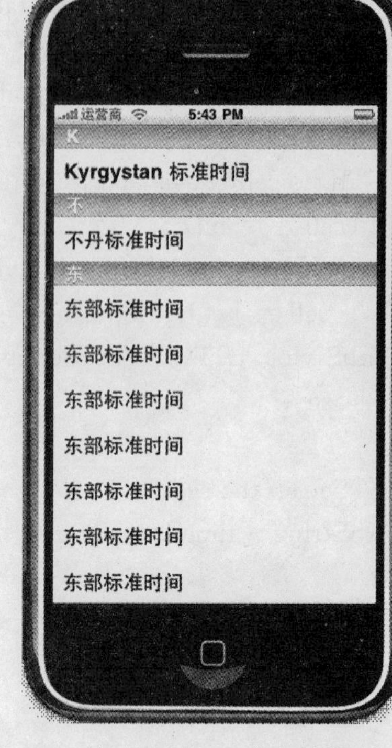

图 4-30 扩展 TimeZone程序后的运行效果

首先我们创建一个新的类型，用于存放索引信息。建立一个新的类型取名为IndexClass。

```
@interface IndexClass : NSObject {
    NSMutableArray * timeZones;
    NSString * indexName;
}


@property (retain, nonatomic) NSMutableArray * timeZones;
@property (retain, nonatomic) NSString * indexName;

- (void) addTimeZone:(NSString * )timeZone;
- (void) sortTimeZone;;
```

```
- (id) initWithName:(NSString *)name;

@end
@implementation IndexClass

@synthesize timeZones;
@synthesize indexName;

- (id) initWithName:(NSString *)name {
    if (self = [super init]) {
      self.timeZones = [[NSMutableArray alloc] init];
      self.indexName = name;
    }
    return self;
}

- (void) addTimeZone:(NSString *)timeZone {
    [self.timeZones addObject:timeZone];
}

- (void) sortTimeZone {
    [timeZones
sortUsingSelector:@selector(localizedCaseInsensitiveCompare:)];
}

- (void) dealloc {
    [timeZones release];
    [indexName release];
    [super dealloc];
}

@end
```

其中，timeZones 成员变量用于存放该索引所对应的时区的名字，而 indexName 存放该索引对应的标题。同时，IndexClass 提供 3 个方法："initWithName:"用于初始化对象；"addTimeZone:"方法用于添加一个时区到当前的索引中；"sortTimeZone"用于排序时区。

下面我们将原先在 TimeZoneViewController 中的"timeZoneNames"改成"NSMutableArray * list"，list 中将要存放的对象为 IndexClass。

将 viewDidLoad 方法的实现改成：

```
- (void)viewDidLoad {
    [super viewDidLoad];
    NSArray *timeZones = [NSTimeZone knownTimeZoneNames];
    NSMutableArray *nTimeZones = [NSMutableArray
arrayWithCapacity:timeZones.count];
    NSLocale *loc = [[NSLocale alloc] initWithLocaleIdentifier:@"zh_CN"];

    for(NSString *item in timeZones)
    {
        [nTimeZones addObject:[[NSTimeZone timeZoneWithName:item]
localizedName:NSTimeZoneNameStyleStandard

locale:loc
                                ]];
    }
    [loc release];
    list = [[NSMutableArray alloc] init];
    for (NSString *timeZone in nTimeZones) {
        NSString *ind = [timeZone substringToIndex:1];
        IndexClass *c = nil;
        for (c in list) {
            if ([c.indexName compare:ind] == NSOrderedSame) {
                break;
            }
```

```
    }
    if (c == nil) {
        c = [[IndexClass alloc] initWithName:ind];
        [c addTimeZone:timeZone];
        [list addObject:c];
    } else {
        [c addTimeZone:timeZone];
        }
    }
    NSSortDescriptor * sortDiscriptor = [[NSSortDescriptor alloc]
initWithKey:@"indexName" ascending:YES];
    NSArray * sortDiscriptors = [[NSArray alloc]
initWithObjects:&sortDiscriptor count:1];

    [list sortUsingDescriptors:sortDiscriptors];
    [sortDiscriptor release];
    [sortDiscriptors release];
    for (IndexClass * c in list) {
        [c sortTimeZone];
    }
}
```

在修改的 viewDidLoad 中初始化 list，并将其按照语言顺序升序排序。

原先的"numberOfSectionsInTableView:"也自然要修改，将其修改为返回 list 的长度：

```
- (NSInteger)numberOfSectionsInTableView:(UITableView *)tableView {
    // There is only one section.
    return [list count];
}
```

"tableView:numberOfRowsInSection:"则修改为返回指定的 section 中所包含的条目数：

```
- (NSInteger)tableView:(UITableView *)tableView
numberOfRowsInSection:(NSInteger)section {
    // Return the number of time zone names.
    return [[[list objectAtIndex:section] timeZones] count];
}
```

再添加一个新的方法，用于返回每个 section 的标题：

```
- (NSString *)tableView:(UITableView *)tableView
titleForHeaderInSection:(NSInteger)section {
    // The header for the section is the region name -- get this from the region
at the section index.
    IndexClass *c = [list objectAtIndex:section];
    return [c indexName];
}
```

最后修改"tableView:cellForRowAtIndexPath:"函数，将 cell 的标签设为 indexPath 所指的 section 和 row 的对应字符串。

```
- (UITableViewCell *)tableView:(UITableView *)tableView
cellForRowAtIndexPath:(NSIndexPath *)indexPath {

    static NSString *MyIdentifier = @"MyIdentifier";

    // Try to retrieve from the table view a now-unused cell with the given
identifier.
    UITableViewCell *cell = [tableView
dequeueReusableCellWithIdentifier:MyIdentifier];

    // If no cell is available, create a new one using the given identifier.
    if (cell == nil) {
```

```
        // Use the default cell style.
        cell = [[[UITableViewCell alloc]
initWithStyle:UITableViewCellStyleDefault reuseIdentifier:MyIdentifier]
autorelease];
    }

    // Set up the cell.
    int x = [indexPath section];
    int y = [indexPath row];
    IndexClass *arr = [list objectAtIndex:x];
    cell.textLabel.text = [arr.timeZones objectAtIndex:y];

    return cell;
}
```

运行一下修改过的程序试试看吧！

以上我们学习了如何使用 Table 视图来显示大量的数据。希望读者能够多多练习，熟练掌握其中的方法。

4.4.3　使用 UINavigationController 显示层次信息

有时候，我们希望表示一些具有层次结构的信息，比如文件夹、iPod 音乐等，这时候，光用一个 Table 视图来展示信息就不够了，我们希望有一种工具可以引导用户在不同的层次结构之间进行浏览。iPhone 为我们提供了这样的一个工具，称为 UINavigationController，在 Interface Builder 中如图 4-31 所示。

UINavigationController 为我们提供了一个称为 NavigationBar 的 UI 元素。它可以显示一个 Title 以及左右两个方向的导航按钮。当然你也可以自定义这个 NavigationBar，这超出了本书(开发入门)所要涉及的内容，更多信息请参考相关的 iPhone SDK 文档。

接下来，我们同样用一个示例来说明 UINavigationController 的基本使用方法：

首先，我们建立一个新的工程，这个新工程是一个基于 Navigation 的应用程序，这与之前的基于 View 的程序不同。

新工程取名为“SimpleNavigation”。工程创建好后，Xcode 预先为我们建立了两个类型和两个 xib 文件，如图 4-32 所示。

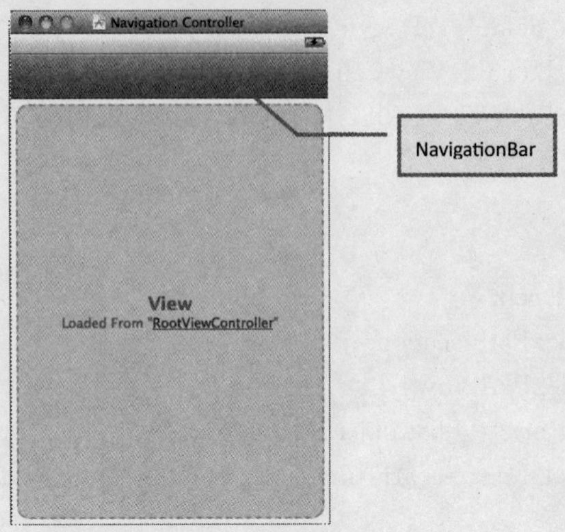

图 4-31 UINavigationController 在 Interface Builder 中的示意图

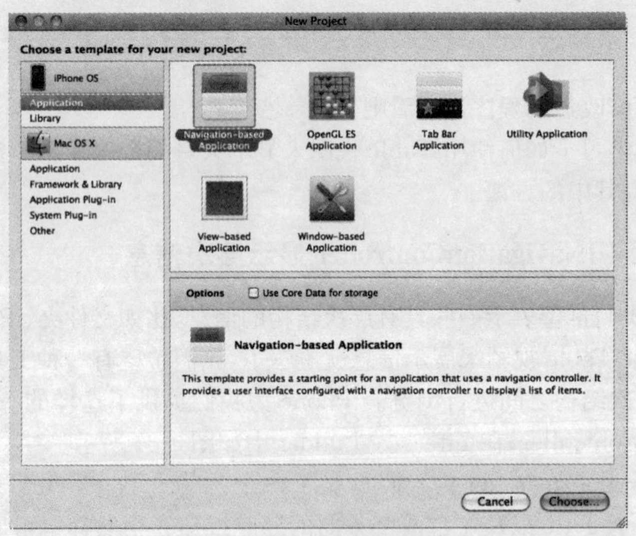

图 4-32 创建一个基于 Navigation 的应用程序

SimpleNavigationAppDelegate 和之前程序中的 Application Delegate 是一样的，在 SimpleNavigationAppDelegate 中有两个成员变量：一个是 UIWindow，它是我们程序的背景；另一个是 UINavigationController，这就是 UIKit 中提供 ViewController 之间的导航功能的一个类型。它内部使用一个堆栈记录 ViewController 的层次关系。当程序将一个新的 ViewController push 移到这个堆栈顶上，则 UINavigationController 将显示新的 ViewController 所包含的 View，且覆盖顶下面所有的 ViewController。同

样，当 UINavigationController 移到堆栈顶部 pop 之后，下一层的 ViewController 就变成可视。在 ViewController 之间进行切换的时候，我们还可以设置 UINavigationController，用一段动画作为切换的过渡效果，给用户带来视觉上的提示。

RootViewController 的父类型是 UITableViewController，它将显示一个 Table 视图。

MainWindow. xib 是整个程序初始化的时候最先加载的 nib 文件，它告诉程序在 UINavigationController 中添加一个 UIViewController。这个 UIViewController 是 RootViewController 类型的，它所对应加载的 nib 文件是 RootViewController. xib。

整个程序的基本框架 Xcode 都为我们搭建好了，我们现在需要往 RootViewController 类型中添加代码，令其在 UINavigationController 的 UINavigationBar 上显示一个标题。这十分简单，只需要在 RootViewController 的"viewDidLoad"方法中添加如下代码：

```
- (void)viewDidLoad {
    [super viewDidLoad];
  self. navigationItem. title = @"第一层";
}
```

它告诉 RootViewController 的 navigationItem 属性，当前的标题叫"第一层"。现在运行程序，我们可以看到，NavigationBar 上不再是空白的了。

其次，我们需要一些数据让 Table 视图来显示。为简单起见，我们就随便构造一些数据。在 RootViewController 中添加一个属性，叫作"NSArray *array"。在"viewDidLoad"方法中将其初始化：

```
- (void)viewDidLoad {
  [super viewDidLoad];

  self. array = [NSArray arrayWithObjects:@"1", @"2", @"3", nil];

  // Uncomment the following line to display an Edit button in the navigation
bar for this view controller.
```

```
    // self.navigationItem.rightBarButtonItem = self.editButtonItem;
    self.navigationItem.title = @"第一层";
}
```

将“tableView:numberOfRowsInSection:”修改为返回 array 的长度：

```
- (NSInteger)tableView:(UITableView *)tableView
numberOfRowsInSection:(NSInteger)section {
    return [array count];
}
```

最后，修改“tableView:cellForRowAtIndexPath:”，设置返回的 cell 的标签为 array 中对应的字符串。然后将 cell 的 accessoryType 设置成 UITableViewCellAccessoryDisclosureIndicator。

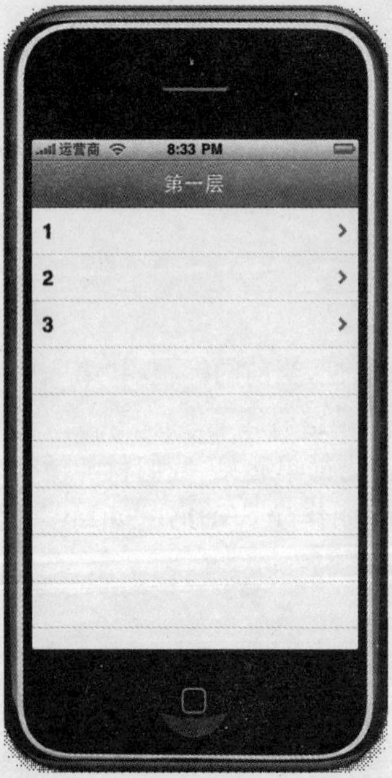

运行程序，可以见到如图 4-33 所示的运行效果。

图 4-33 设置了 AccessoryType 的 TableCell

现在，我们通过 UINavigationController 来实现这样的功能：触摸第一层中的某一个项目，然后将程序的视图导航到第二层中，第二层所显示的数据包含了当前所选的第一层项目的信息。

首先，因为要显示第二层内容，我们要创建第二层所对应的 ViewController，这里我们还是创建一个 UITableViewController，取名为“Level2Navigation”。对应这个 ViewController，我们创建一个 xib 文件，用于对该 ViewController 进行初始化。新建的 xib 文件为 Level2Navigation.xib。

其次，和 RootViewController 一样，我们在 Level2Navigation 中添加一个“property，NSArray * array”。为了将第一层的内容传递进第二层，我们再添加一个“property，NSString * levelPrefix”。Level2Navigation.h 的代码如下所示：

```
@interface Level2Navigation : UITableViewController {
    NSArray *array;
    NSString *levelPrefix;
}

@property (retain, nonatomic) NSArray *array;
@property (retain, nonatomic) NSString *levelPrefix;

@end
```

在@implementation 部分，其他的地方都和 RootViewController 一致，除了将创建 TableViewCell 时的 CellIdentifier 改为其他任何字符串，取消设置 Cell 的 AccessoryType，并将 navigationItem 的标题设为“第二层”。

Level2Navigation.m 的代码如下所示：

```
@implementation Level2Navigation

@synthesize array;
@synthesize levelPrefix;

- (void)viewDidLoad {
    [super viewDidLoad];
    self.array = [NSArray arrayWithObjects:@"1", @"2", @"3", nil];
    self.navigationItem.title = @"第二层";
}

- (void)didReceiveMemoryWarning {
    [super didReceiveMemoryWarning];
}

#pragma mark Table view methods
```

```
- (NSInteger)numberOfSectionsInTableView:(UITableView *)tableView {
    return 1;
}

// Customize the number of rows in the table view.
- (NSInteger)tableView:(UITableView *)tableView
numberOfRowsInSection:(NSInteger)section {
    return [array count];
}

// Customize the appearance of table view cells.
- (UITableViewCell *)tableView:(UITableView *)tableView
cellForRowAtIndexPath:(NSIndexPath *)indexPath {

    static NSString *CellIdentifier = @"Cell2";

    UITableViewCell *cell = [tableView
dequeueReusableCellWithIdentifier:CellIdentifier];
    if (cell == nil) {
        cell = [[[UITableViewCell alloc]
initWithStyle:UITableViewCellStyleDefault reuseIdentifier:CellIdentifier]
autorelease];
    }

    // Configure the cell.
    cell.textLabel.text = [levelPrefix stringByAppendingString:[array
objectAtIndex:indexPath.row]];

    return cell;
}

- (NSIndexPath *)tableView:(UITableView *)tableView
```

```
willSelectRowAtIndexPath:(NSIndexPath *)indexPath {
    return nil;
}

- (void)dealloc {
    [levelPrefix release];
    [array release];
    [super dealloc];
}

@end
```

最后，在 RootViewController. m 中添加如下代码：

```
- (void)tableView:(UITableView *)tableView
didSelectRowAtIndexPath:(NSIndexPath *)indexPath {
    Level2Navigation *anotherViewController = [[Level2Navigation alloc]
initWithNibName:@"Level2Navigation" bundle:nil];
    anotherViewController.levelPrefix = [[array objectAtIndex:indexPath.row]
stringByAppendingString:@"-"];
    [self.navigationController pushViewController:anotherViewController
animated:YES];
    [anotherViewController release];
}
```

告诉 RootViewController，当某一个项目被点中时，建立一个第二层的 ViewController，并将选中的项目的名字作为 levelPrefix 传给 Level2Navigation，再将这个新的 ViewController 用动画的方式压到堆栈顶部。

到这里，整个示例就完成了，运行试试看效果吧（如图 4-34 所示）！是不是非常简单而且美观？

至此，本章的内容就结束了。读者通过学习，已经掌握了 UIKit 中最核心的几个部分，分别是 UIView 及其子类、Table 视图和 NavigationController 这 3 块内容。将它们灵活组合，再查阅一些相关的 iPhone SDK 文档，相信读者应该能够自己开发一些比较有意思的软件了。

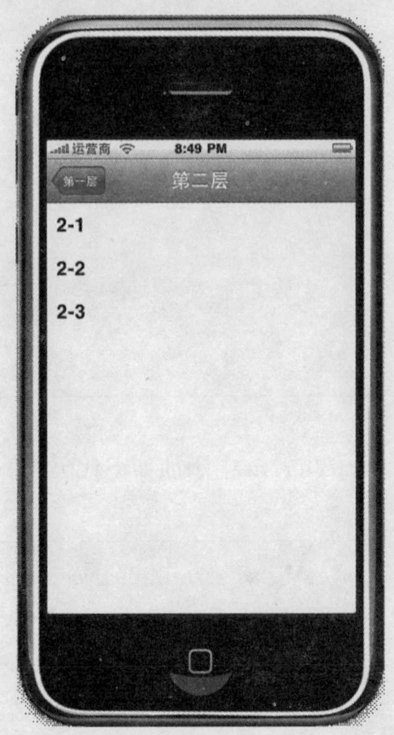

图 4-34 SimpleNavigation 最终的运行效果图

本章小结

本章节带领读者从最简单的 UI 开始层层深入，介绍了 iPhone 应用程序开发中所涉及的用户界面编程。在学习完本章后，读者应该对所有的 UIKit 有所了解，能够采用 UIView 及其子类、Table 视图和 NavigationController 进行应用/游戏的 UI 设计与开发。

本章内容的参考资料大多为 iPhone 开发 SDK 中的一些资料，建议读者除了阅读本书外，一定要仔细阅读下列资料：

(1) iPhone Human Interface Guidelines。

(2) iPhone Application Programming Guide。

(3) Table View Programming Guide for iPhone OS。

5 iPhone 特性

Apple 推出的 iPhone，颠覆了传统手机的设计和发展思路，形成了 iPhone 潮流。总结分析来看，主要因为 iPhone 包括了两方面的创新：一是应用模式创新，二是技术集成创新。应用模式创新，即 App Store 模式（应用商店模式）。

技术集成创新，即 iPhone 将业界已经存在的触摸屏技术、GPS 技术、重力传感器技术等综合集成到了一起，形成了独特的 iPhone 特性。本章节即对 iPhone 特性进行了一些介绍。

5.1 多点触摸

iPhone 率先在手机中采用的 480×320 高分辨屏幕，除了显示效果出色以外，其吸引人的最重要地方之一应该是它支持多点触摸。

首先是触摸。用户通过触摸屏幕来操作对象、输入数据，而非通过传统的鼠标、键盘或者是以前一些手机所采用的往往让用户在想用时才发现找不到的触摸笔。手指作为一支永远带在身边的“触摸笔”，革命性地改变了手机的操作方式！现在主流的智能手机已都采取触摸方式进行操作，其带来的简易性和直观性深受用户喜爱。

再次就是“神奇”的多点。iPhone 不仅能感应多个手指，而且能分别识别和跟踪各个手指的操作顺序以及当前状态。因此，开发者可以展开丰富的想象空间，来定义属于自己的特有手指操作，而非仅仅是基于鼠标的简单点击、移动等操作。

在手机屏幕上进行触摸操作的手指，其精确度与鼠标的指针还是有很大差距的。在设计可点区域时，一般是建议至少要 44×44 的区域大小才能保证被手指点中，而不与周边的元素发生混淆。而且，当你把手指放在屏幕上时，真实的被点击处往往在你所认为的点击处的偏下方一点，具体的偏差是由触摸的是哪个手指、手指的大小、手指触摸屏幕的压力、手指的朝向等一系列因素造成的。这也是要在设计时考虑的。这里举一个在这方面做得不太好的例子。塔防类的游戏，需要用户用手指拖动物件来铸造防御工事。当用户拖动那个物件时，游戏设计者只是简单地让那个物件显示在手指下方。大家可以想象一下会出现什么后果。结果用户要侧过头来看自己手指下的物件到底放到了哪里，这对于要求精确定位的塔防类游戏来说，则是相当严重的问题。当然，这个问题在以鼠标操作为主的电脑上通常是不会发生的，因为光标一般很小，不会遮住玩家的视线，但是对于手指操作为主的手机来说，则往往是相当严重的问题。当然解决方法也有不少，比如你可以把物体上移或放大等。总之，在设计手机游戏或应用时，对于用户操作，不能简单地把电脑上的操作移植过来，也不能只在模拟器上进行测试，一定要在实机上进行相应的操作。开发者应该始终把用户体验放在第一位，而不是将技术放在第一位，这也是程序员最容易犯的错误之一。

好了，下面来具体讲讲 SDK 对于多点触摸是如何支持的吧。这块内容将分三部分进行讨论，分别是事件和触摸、事件的传递和怎样处理多点触摸事件。

5.1.1 事件和触摸

在 iPhone OS 中，一次触摸(Touch)就是一只手指放在屏幕上。比如 iPhone 上典型的放大操作需要用户的两个手指在屏幕上同时向相反的方向移动。因此在这个操作中，一共有两次触摸，它们分别在屏幕上表现为一次移动，且方向相反。而事件是当手指在屏幕上触摸时，iPhone 系统会向应用程序连续地发送消息，消息里面包括当前在屏幕上的所有手指和它们各自的状态。

iPhone OS 中，UITouch 代表触摸，而 UIEvent 则代表事件。UITouch 既是一个时间上的概念，又是一个空间上的概念。说是时间上的，因为它记录了手指当前的时间状态，主要包括手指开始触摸屏幕、手指在屏幕上移动和手指离开屏幕。说是空间上的，因为它同时也记录了这个触摸所产生的视图(UIView)和在其上的坐标。而 UIEvent 包含了当前消息发送事件点的所有 UITouch，这就是在程序中实现多点触摸的关键所在，这样你就能同时跟踪多个触摸点了。

图 5-1 是 UIEvent 和 UITouch 的关系示意图：

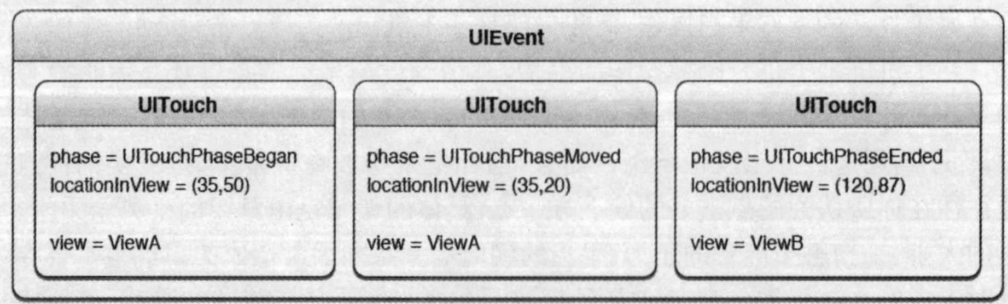

图 5-1 UIEvent 和 UITouch 的关系示意图

5.1.2 事件的传递

在 iPhone OS 里，消息的传递有它自己独特的路径。对于触摸而言，当用户触摸 iPhone 的屏幕时,iPhone OS 把当前的所有 UITouch 打包成一个 UIEvent,并放到当前应用程序的事件队列里面等候处理。这里需要提醒大家的是:当触摸首先发生在一个视图时,即使后来这个触摸移出了该视图的区域,该触摸还是跟这个视图绑定着,直到用户把手指从屏幕上拿起为止。

下面先介绍几个概念,首先是响应对象(responder object)。响应对象能响应用户事件并处理它。UIResponder 是所有响应对象的基类。所有的 UIView(包括 UIWindow,所有的 UIView 都是直接或间接地放在 UIWindow 上)都继承自 UIResponder。第一响应(first responder)是应用程序中处理当前事件的响应对象。如果第一响应无法或不想处理该事件,则应该把事件放到响应链中,让后续的响应对象进行处理。而响应链(responder chain)是一个由响应对象组成的有序队列。它允许响应对象把处理事件的责任代理(delegate)给队列中其他对象。而事件则顺着这个队列去寻找能处理它的响应对象。具体的代理方法按下列优先级进行:

(1) 第一响应首先把事件传递给它的视图管理器(如果它有的话),然后是它的父类。

(2) 后续的所有视图也是先把事件传递给它的视图管理器(如果它有的话),然后是它的父类。

(3) 响应链中最上面的视图把事件传递给 UIWindow。

(4) UIWindow 则把事件传递给当前应用程序的单一对象 UIApplicaiton。

如果程序最终没有发现能处理该事件的响应对象,则该事件被遗弃。

iPhone SDK 的 UIKit 库提供给开发者操作和影响事件传递的若干函数,现举例如下:

(1) 闭事件的响应。视图通过设置自身属性 userInteractionEnabled 为"No",可以关闭自己对事件的响应能力。任何透明或者隐藏的视图也是关闭事件响应的。

(2) 临时关闭事件的响应。程序的任何地方都可以通过调用 UIApplication 的 beginIgnoringInteractionEvents 来关闭整个程序对用户触摸事件的响应。然后通过调用 endIgnoringInteractionEvents 来重新开启。

(3) 开启多点触摸。请大家特别注意:视图默认是关闭多点触摸的,它只对触摸屏幕的第一个手指负责。如果你要实现多点触摸,就应该通过设置视图的属性 multipleTouchEnabled 为"Yes"来开启多点触摸。

(4) 事件只传递给一个响应对象。通过设置视图的 exclusiveTouch 属性为"Yes",可以把该视图变为当前应用程序中唯一跟踪用户操作的响应对象。但事件发生在其他视图上时,则该视图无法获得这些事件。该属性默认是关闭的。

5.1.3 处理多点触摸

为了处理多点触摸事件，你可以通过构建 UIView 的子类(也可以是 UIApplication、UIWindow 的子类，当然这两种情况都不太经常出现)，并且至少实现一个 UIResponder 的事件处理函数。接下来我们将具体讨论一下这些事件处理函数，并且给出一个示例代码。

在多点触摸过程中，系统会向当前程序发送一系列的响应消息。为了接受并处理这些消息，响应对象必须实现至少一个下列函数：

```
- (void) touchesBegan:(NSSet *)touches withEvent:(UIEvent *)event;
- (void) touchesMoved:(NSSet *)touches withEvent:(UIEvent *)event;
- (void) touchesEnded:(NSSet *)touches withEvent:(UIEvent *)event;
- (void) touchesCancelled:(NSSet *)touches withEvent:(UIEvent *)event
```

系统会在当前触摸状态发生变化时，向应用程序发送这些消息。

当有一个或多个手指接触屏幕时，发送 touchesBegan 消息；当有一个或多个手指在屏幕上移动时，发送 touchesMoved 消息；当有一个或多个手指从屏幕上拿起时，发送 touchesEnded 消息；当有特殊系统事件发生时，比如打进电话时，发送 touchesCancelled 消息。

上述 4 个函数都接受两个参数，分别是状态发生变化的 UITouch 的结合和当前时间点的 UIEvent 对象(前面已经提到过，UIEvent 对象包含当前所有的 UITouch)。

对于每个 UITouch 都可以通过访问其属性获得它的状态。比如 phase 属性则记录了该 UITouch 对象的触摸状态，包括 UITouchPhaseBegan、UITouchPhaseMoved 和 UITouchPhaseEnded。需要特别提到的一个 UITouch 的属性是 tapCount，它记录了当前这次触摸是由手指的几次点击造成的。比如双击某个视图时，对应 UITouch 的 phase 应该是 UITouchPhaseBegan，而 tapCount 应该为 2。

响应对象不用实现所有的 4 个函数，它只需实现自己感兴趣的函数。比如有个视图它只对用户从屏幕上拿起手指感兴趣的话，那它只需实现 touchesEnded 函数即可。

示例：

滑动是 iPhone 中一个用得很多的操作，比如在每次从屏保中解锁 iPhone 时，就要进行一次横向滑动。为了模拟一次滑动，程序员必须对用户在某个方向上的手指运动进行跟踪，并由此来决定到底是哪些信息表现为了一次滑动操作。大家可能已经注意到，滑动操作可以分解成两个阶段：手指放下和手指滑动。因此是不是系统会向程序发送两次消息，分别为 touchesBegan 和 touchesMoved 呢？答案是否定的。根据用户在屏幕上滑动的时间长短，系统会发送不同数量的消息给用户，它们是一个 touchesBegan 消息和多个 touchesMoved 消息。因为 iPhone OS 会定时捕获触摸事件，并放在消息队列里面。下面是滑动操作的示例代码：

```
#define   HORIZ_SWIPE_DRAG_MIN 12
#define   VERT_SWIPE_DRAG_MAX 4

- (void) touchesBegan:(NSSet *)touches withEvent: (UIEvent *)event {
    UITouch *touch = [touches anyObject];
    startTouchLocation = [touch locationInView:self];
}

- (void) touchesMoved:(NSSet *)touches withEvent: (UIEvent *)event {
    UITouch *touch = [touches anyObject];
    CGPoint currentTouchLocation = [touch locationInView:self];

    // if swipe tracks correctly
    if ( fabsf(startTouchLocation.x - currentTouchLocation.x) >=
HORIZ_SWIPE_DRAG_MIN &&
       fabsf(startTouchLocation.y - currentTouchLocation.y) <=
VERT_SWIPE_DRAG_MAX) {
       // it appears to be a swipe
    }
    else {
       // process a non-swipe event
    }
}
```

代码中的 locationInView：函数返回当前手指在作为参数输入的视图上的坐标。

5.2 重力加速计

加速计(accelerometer)用来测量在一个给定路径上的速度变化情况。iPhone 或 iPod Touch 提供基于 3 个方向的加速计功能,这 3 个方向就是 iPhone 的 x 轴、y 轴和 z 轴。根据这 3 个方向上反馈的值,我们可以获得 iPhone 在任意方向上的移动情况,如图 5-2 所示。

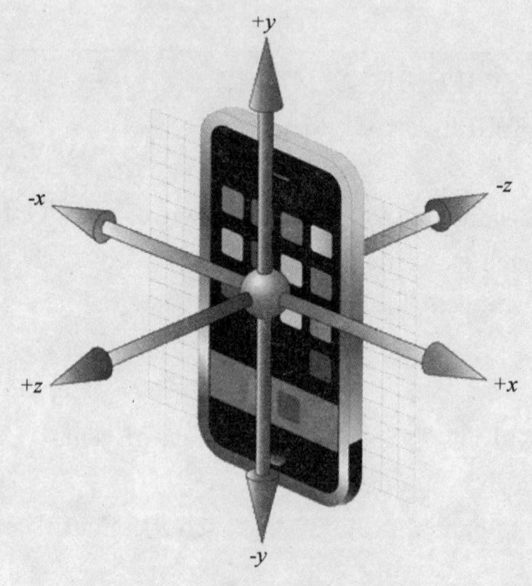

图 5-2 iPhone 加速计示意图

通过向 UIAccelerometer 发送 sharedAccelerometer 消息,你就可以获得每个应用程序所拥有的 UIAccelerometer 对象。UIAccelerometer 对象主要有两大属性,分别是 updateInterval 和 delegate。通过前者,你可以设置加速计数据的采集频率。

通过后者,你可以设置处理加速计反馈信息的代理对象,该对象应该具有如下定义的代理函数－(void)accelerometer:(UIAccelerometer *)accelerometer didAccelerate:(UIAcceleration *)acceleration。而具体的加速度数据,则是通过访问上述函数的第二个参数 UIAcceleration 对象来获得的。

对于加速计信息的采集频率,如果你的应用或游戏只想获取当前硬件设备方向信息的话,该值设为 1/10～1/20 就够了;对于需要用加速计来实时获取用户输入的游戏或应用来说,比如以加速计作为输入的众多赛车游戏,其值的范围一般是 1/30～1/60;而对于那些需要知道某个瞬间硬件的移动情况的应用来说,则可以设为 1/70～1/100。但是,该值请务必不要设置为小于 1/100,即低于 0.01 秒,因为这将超出硬件的处理能力，即 iPhone 不能做到如此快的加速计更新速度。同时，由于获取加速计信息的行为是一种相当耗电的操作，所以应该在满足游戏或应用开发需要的前提下，尽可能地减小更新频率，并在不用时关掉加速计信息的实时反馈功能，而这只要把该对象的 delegate 设为 nil 就可以了。

加速计反馈的信息在精确性和稳定性方面都还有待于提高，即使当 iPhone 处于水平放置状态时，数据也会有一定的波动。因此往往需要对所获取的数据进行平均化或者标准化操作。同时根据具体的应用场景，有时还需要对这些初始值进行过滤操作，比如下面就有两种根据不同的应用场景采取的过滤方式。

场景一：当你需要尽量获得由于重力而导致的加速计信息时，就应该通过低通滤波器（low-pass filter）来减小因为瞬间移动产生的对加速计值的影响。

```
#define kLowPassFilteringFactor 0.1

-(void)accelerometer:(UIAccelerometer *)accelerometer
didAccelerate:(UIAcceleration *)acceleration {
    x = acceleration.x * kLowPassFilteringFactor + x * (1.0 -
kLowPassFilteringFactor);
    y = acceleration.y * kLowPassFilteringFactor + y * (1.0 -
kLowPassFilteringFactor);
    z = acceleration.z * kLowPassFilteringFactor + z * (1.0 -
kLowPassFilteringFactor);
}
```

场景二：当你需要尽量获得瞬间移动带来的加速计信息，就可以通过高通滤波器（high-pass filter）来减少历史数据的影响。

```
#define kLowPassFilteringFactor 0.1

-(void)accelerometer:(UIAccelerometer *)accelerometer
didAccelerate:(UIAcceleration *)acceleration {
    x = acceleration.x - (acceleration.x * kLowPassFilteringFactor + x
* (1.0 - kLowPassFilteringFactor));
```

```
    y = acceleration.y - (acceleration.y * kLowPassFilteringFactor + y * (1.0 - kLowPassFilteringFactor));
    z = acceleration.z - (acceleration.z * kLowPassFilteringFactor + z * (1.0 - kLowPassFilteringFactor));
}
```

5.3 地理位置

另一个 iPhone 的迷人之处在于:它能检测出自己的位置,包括经度、纬度和海拔。需要注意的是,位置信息只能在真实硬件上进行测试,不能通过模拟器进行模拟。如果使用模拟器,经纬度是存在的,不过它返回的始终是苹果公司总部的数值,而海拔则根本无法获取。非 3G 版本的 iPhone 没有内置 GPS 模块,因此它的精确度比较差,而后来的 iPhone 3G 和 iPhone 3GS 则利用内置的 GPS 模块达到了较高的精确度。不过由于接受位置信息十分消耗电能,因此在使用位置信息时要避免频繁的获取。Core Location API 是 iPhone OS 中用来获取位置信息的应用软件接口,无论 iPhone 是否内置了 GPS 模块,对该 API 的调用是一致的,这是值得开发者庆幸的地方。

5.3.1 有关位置信息的类

CLLocation 用来记录在特定时间的特定位置信息,CLLocationManager 提供了管理位置信息的接口,而 CLLocationManagerDelegate 则定义了怎样获取位置信息的协议。表 5-1 给出了这些类的最重要的函数和属性,更详细的资料请参见苹果公司的官方文档。

表 5-1

类	函数/属性	类别	概　述
CLLocationManager	delegate	属性	定义了能响应 CLLocationManagerDelegate 的对象
CLLocationManager	desiredAccuracy	属性	设置经度
CLLocationManager	distanceFilter	属性	定义了移动多远以后位置信息才必须更新
CLLocationManager	location	属性	最近一次位置信息
CLLocationManager	startUpdatingLocation	函数	开始位置信息更新

（续表）

类	函数/属性	类别	概 述
CLLocationManager	stopUpdatingLocation	函数	结束位置信息更新
CLLocationManagerDelegate	locationManager： didUpdateToLocation： fromLocation：	函数	位置信息成功更新时的响应函数
CLLocationManagerDelegate	locationManager： didFailWithError：	函数	位置信息更新失败时的响应函数
CLLocation	altitude	属性	海拔
CLLocation	coordinate	属性	坐标
CLLocation	timestamp	属性	时刻

一般意义上来说，位置信息的处理方式跟加速计信息的处理方式是一样的。首先你要获取一个共享的 CLLocationManager 对象。然后通过设置这个对象的一些属性，你可以配制位置信息工作的方式，比如多远更新一次（distanceFilter）、更新的精度（desiredAccuracy）等。像加速计一样，你可以显示开启位置更新（startUpdatingLocation）。同时，你还必须关注某些代理函数（通过 CLLocationManagerDelegate 定义）。这些函数在位置信息改变时，向你传入一个 CLLocation 对象，而你通过这个对象获取位置的具体信息。

下面我们将通过一个有趣的例子，让你熟悉怎样使用好这些类，以达到具体的应用程序目的。这里将通过位置信息，计算用户移动的距离。

5.3.2 使用位置信息计算距离

示例代码利用 Core Location 首先记录开始的位置信息，然后实时检测当前的位置信息并计算与开始位置的距离。

```
- (void) loadView {
        lm = [[CLLocationManager alloc] init];
        lm.delegate = self;
        lm.desiredAccuracy = kCLLocationAccuracyNearestTenMeters;
        lm.distanceFilter = 100;

        [lm startUpdatingLocation];
```

```
}

- (void) locationManager: (CLLocationManager * ) manager
         didUpdateToLocation: (CLLocation * ) newLocation
           fromLocation: (CLLocation * ) oldLocation {

           if (!startLoc) {
                     startLoc = newLocation;
                     [self     updateLocationFor:     startLocLabel
toLocation: newLocation];
                     [startLoc retain];
           }

         [self     updateLocationFor:     endLocLabel     toLocation:
newLocation];
         [self updateDistanceLocLabel: newLocation];
}

- (void) updateDistanceLocLabel: (CLLocation * ) newLocation {

         if (startLoc) {
                     CLLocationDistance     dis     =     [startLoc
getDistanceFrom: newLocation];
                     distanceLocLabel.text     =     [NSString
stringWithFormat:@"%5.1f", dis];
         }
}

- (void) updateLocationFor: (UILabel * ) label
                     toLocation: (CLLocation * ) newLocation {

         CLLocationCoordinate2D coord = newLocation.coordinate;
```

```
            label.text = [NSString stringWithFormat:@"经度: %2.4f\t 纬
度: %2.4f",
                                                   coord.longitude,
coord.latitude];
}
```

代码中出现了 3 个 Label，startLocLabel、endLocLabel 和 distanceLabel，它们分别用来显示开始的位置信息、当前的位置信息和当前移动的距离。程序在刚开始的时候分别设置了获取位置信息的精度和频繁度。这里还是需要再强调一下，请合理设置这两个值，因为它们会影响 iPhone 的电池续航能力。而当用户发现应用程序非常耗电时，一般是不会对它有什么好感的。

海拔信息的获得则可以直接通过 CLLocation 的 altitude 属性，如果返回的是正值，说明用户所处的位置高于海平面，如果为负值，则低于海平面。不过海拔信息目前还不是很精确，特别是在移动高度较小时。

本章小结

本章节向读者介绍了 iPhone 设备的特性：多点触摸、重力加速度和位置信息。iPhone 的特性给用户带来了与一般手机不同的体验，应用程序开发应该充分去发掘和利用。在学习完本章后，读者应该对 iPhone 的特性有所了解，为进一步利用 iPhone 特性进行编程铺平了道路。

本章内容的参考资料大多为 iPhone SDK 中的一些资料，建议读者除了阅读本书，一定要仔细阅读《iPhone OS Programming Guide》等资料。

6　网络、多媒体与3D

6.1　网络编程

本章节介绍 iPhone 与网络相关的技术，主要包括 CFNetwork framework 及 Game kit framework（基于蓝牙的点对点连接）。

6.1.1　CFNetwork 介绍

CFNetwork 是核心服务框架中的一个框架，它提供了一个抽象化的网络协议库。这种抽象使得进行各种网络任务都非常容易，比如：

（1）使用 BSD sockets。BSD sockets 是最基础的网络协议，如果你希望你编写的代码够底层，希望更深入了解网络编程时，你也可以直接使用 BSD sockets 开发网络应用。实际上 CFNetwork 也是以 BSD sockets 为基础的。

（2）利用 SSL 或者 TLS 创建加密的连接，这部分主要是建立安全连接，比如开发游戏在考虑玩家数据与服务器交换时，你也许需要利用这部分知识减少欺骗。

（3）解析 DNS 主机。

（4）涉及 HTTP 的任务，对 HTTP 和 HTTPS 服务器进行认证，涉及 FTP 服务器的任务，这部分主要是处理通用的 HTTP 和 FTP 协议。

（5）发布、解析以及浏览 Bonjour 服务。

6.1.1.1　CFHTTP API

CFHTTP API 提供一系列封装好支持 HTTP 协议的函数。

1）创建 HTTP 请求

（1）使用 CFHTTPMessageCreateRequest 函数创建一个 CFHTTP 消息对象。

（2）使用 CFHTTPMessageSetBody 设置该消息的 Body 部分。

（3）使用 CFHTTPMessageSetHeaderFieldValue 函数设置消息头。

（4）使用 CFHTTPMessageCopySerializedMessage 函数序列化请求信息。

下面是按照上面步骤创建 HTTP 请求的代码：

```
    CFStringRef bodyData = CFSTR("");
    CFStringRef headerFieldName = CFSTR("X-My-Favorite-Field");
    CFStringRef headerFieldValue = CFSTR("Dreams");
    CFStringRef url = CFSTR("http://www.apple.com");
    CFURLRef myURL = CFURLCreateWithString(kCFAllocatorDefault,
                                           url,
                                           NULL);
    CFStringRef requestMethod = CFSTR("GET");

    CFHTTPMessageRef myRequest =CFHTTPMessageCreateRequest(
                                        kCFAllocatorDefault,
                                        requestMethod,
                                        myURL,
                                        kCFHTTPVersion1_1);
    CFHTTPMessageSetBody(myRequest, bodyData);
    CFHTTPMessageSetHeaderFieldValue(myRequest,
                                headerFieldName,
                                headerFieldValue);

CFDataRef mySerializedRequest =
CFHTTPMessageCopySerializedMessage(myRequest);
```

2) 发送 HTTP 请求

在此步骤中，我们介绍使用 CFReadStream 来发送 HTTP 请求，使用 CFReadStream 发送 HTTP 请求首先必须按 1 中的方法创建 HTTP 请求，然后使用刚创建的 HTTP 请求调用 CFReadStreamCreateForHTTPRequest 函数，最后通过 CFReadStreamOpen 函数发送 HTTP 请求。

下面是按照上面步骤发送 HTTP 请求的代码：

```
CFHTTPMessageRef myRequest =
CFHTTPMessageCreateRequest(kCFAllocatorDefault,
                    requestMethod,
```

```
                    myUrl,
                    kCFHTTPVersion1_1);

CFHTTPMessageSetBody(myRequest, bodyData);
CFHTTPMessageSetHeaderFieldValue(myRequest, headerField, value);

CFReadStreamRef myReadStream =
CFReadStreamCreateForHTTPRequest(kCFAllocatorDefault,
myRequest);

CFReadStreamOpen(myReadStream);
```

3）接收和解析 HTTP 请求

要接收一个 HTTP 请求，首先通过 CFHTTPMessageCreateEmpty 函数创建一个空的消息，然后通过 CFHTTPMessageAppendBytes 把接收到的请求数据添加到创建的空消息里面，最后通过 CFHTTPMessageIsHeaderComplete 检测接收到的数据信息是否完整。关键代码如下：

```
CFHTTPMessageRef myMessage = CFHTTPMessageCreateEmpty(
                                        kCFAllocatorDefault,
                                        TRUE);
if (! CFHTTPMessageAppendBytes(myMessage, &data, numBytes)) {
    //Handle parsing error }

if (CFHTTPMessageIsHeaderComplete(myMessage)) {
    //解析消息的内容 }
```

在通过上面步骤接收并检测了 HTTP 请求的完整性之后，再通过下面的函数对 HTTP 内容进行分解：

(1) 使用 CFHTTPMessageCopyBody 函数获取 HTTP 请求的 Body 部分。

(2) 使用 CFHTTPMessageCopyRequestURL 获取 HTTP 请求包含的 URL 信息。

(3) 使用 CFHTTPMessageCopyAllHeaderFields 函数获取 HTTP 请求的所

有 Head Field 信息。

(4) 使用 CFHTTPMessageCopyRequestMethod 函数获取 HTTP 请求采用的方法(如 get、post 等)。

6.1.1.2　CFFTP API

CFFTP API 提供一系列封装好支持 FTP 协议的函数，主要提供以下功能：

(1) 从 FTP 服务器下载文件。

(2) 上传文件到 FTP 服务器。

(3) 下载 FTP 服务器上的文件目录。

(4) 在 FTP 服务器上创建目录。

下面我们详细解释如何使用 CFFTP 实现这 4 个功能。

1) CFFTP 下载文件

(1) 创建 FTP Stream。首先必须通过指定一个包含要下载文件的 URL，如 ftp://www.imouseonline.com/test.txt，给 CFReadStreamCreateWithFTPURL 函数建立一个读取数据的流，接着使用 CFWriteSteamCreateWithFile 函数在本地建立一个写数据的流用于存储从指定 URL 上获取来的文件。为了使读取数据的流和写入数据的流同步，可以通过定义下面这个数据结构两路流进行控制。

```
typedef struct MyStreamInfo {
    CFWriteStreamRef   writeStream;
    CFReadStreamRef    readStream;
    CFDictionaryRef    proxyDict;
    SInt64             fileSize;
    UInt32             totalBytesWritten;
    UInt32             leftOverByteCount;
    UInt8   buffer[kMyBufferSize];
} MyStreamInfo;
```

很多服务器在下载数据时需要提供 FTP 用户名和密码，这个时候必须通过调用 CFReadStreamSetProperty 函数，设置该函数参数中的 propertyName 参数为 kCFStreamPropertyFTPUserName，同时把要传递的实际用户名信息设置给参数 propertyValue，就可以把用户名信息传递给服务器。与此类似，我们可以通过设置以下不同的 propertyName，传递给服务器相应信息。

kCFStreamPropertyFTPUserName——用于登录的用户名

kCFStreamPropertyFTPPassword——用于登录的用户密码

kCFStreamPropertyFTPUsePassiveMode——是否使用 passive 模式

kCFStreamPropertyFTPFetchResourceInfo——是否获取文件信息(如在下载文件前先获取文件大小)

kCFStreamPropertyFTPProxyHost——代理主机名

kCFStreamPropertyFTPProxyPort——代理主机的端口号

(2) 实现 FTP 文件下载的回调函数。

```
typedef void ( * CFReadStreamClientCallBack)(CFReadStreamRef stream,
                              CFStreamEventType type,
                              void  * clientCallBackInfo);
```

从上面我们可以看到回调函数有 3 个传入参数,其中 stream 就是 ReadStream,clientCallBackInfo 是上部分定义的 MyStreamInfo 数据结构,在实现 FTP 文件下载过程中处理回调函数传入的事件为 kCFStreamEventHasBytesAvailable 事件,表示 ReadStream 中有数据从服务器下载过来,此时通过以下代码实现从 ReadStream 中读取数据然后通过 WriteStream 写入,其中 info 采用上一步中定义的 MyStreamInfo 数据结构。

```
    bytesRead = CFReadStreamRead(info->readStream,
                        info ->buffer,
                            kMyBufferSize);
    //确保读取到了数据
    bytesWritten = 0;
    while (bytesWritten < bytesRead) {
        CFIndex result;
        result = CFWriteStreamWrite(info->writeStream,
                        info->buffer + bytesWritten,
                            bytesRead - bytesWritten);
```

```
    if (result <= 0)
  {fprintf(stderr, "CFWriteStreamWrite returned %ld\n", result);
      goto exit; }
    bytesWritten += result; }
    info->totalBytesWritten += bytesWritten;
```

2) CFFTP 上传文件

上传文件和下载文件类似，同样需要一个 ReadStream 和一个 WriteStream，不过与下载文件相反，上传文件通过 ReadStream 读取本地文件，然后通过 WriteStream 写入到远程服务器上。文件上传时回调函数中实现对事件 kCFStreamEventCanAcceptBytes 的处理，具体代码如下：

```
do {
    if (info->leftOverByteCount > 0) {
        bytesRead = info->leftOverByteCount;
    }
    else {
      // 确保数据读取没有出错
      bytesRead = CFReadStreamRead(info->readStream,
                                   info->buffer,
                                       kMyBufferSize);
      if (bytesRead < 0) {
      fprintf(stderr, "CFReadStreamRead returned %ld\n",
              bytesRead);
      goto exit; }
    totalBytesRead += bytesRead; }

//写入数据到 WriteStream
bytesWritten = CFWriteStreamWrite(info->writeStream,
                          info->buffer,
                          bytesRead);
```

```
if (bytesWritten > 0) {
  info->totalBytesWritten += bytesWritten;
  if (bytesWritten < bytesRead) {
    info->leftOverByteCount = bytesRead - bytesWritten;
    memmove (info->buffer, info->buffer + bytesWritten,
             info->leftOverByteCount); }
  else {
    info->leftOverByteCount = 0; } }
else {
  if (bytesWritten < 0)
    fprintf ( stderr, " CFWriteStreamWrite returned % ld \ n ",
            bytesWritten);
  break;
} }
```

3）获取服务器目录列表

从 FTP 下载一个目录列表的方式与下载或者上传文件略有不同。这是因为需要对得到的数据进行扫描。首先，建立一个 ReadStream 获取目录列表。这个过程和下载文件类似：创建操作流，注册一个回调函数，在循环中安排操作流（如果必要，设置用户名、密码和代理信息）并最终打开这个操作流。在下面的实例中，在查询目录列表的时候你不需要读操作流或者写操作流，因为得到的数据将会显示在屏幕上而不是文件中。在回调函数中，需要留意 kCFStreamEventHasBytes-Available 事件。在从 ReadStream 载入数据之前，需要确保操作流中没有上次回调函数运行时候的遗留数据。从 MyStreamInfo 结构的 leftOverByteCount 域中获取偏移量。然后从操作流中读取数据，这时候需要将刚刚计算到的偏移量考虑在内。另外还需要计算缓冲区大小和读取的字节数。具体实现如下：

```
int offset = info->leftOverByteCount;
bytesRead = CFReadStreamRead(info->readStream,
                             info->buffer + offset,
                             kMyBufferSize - offset);
```

```
    bufSize = bytesRead + offset;
    totalBytesRead += bufSize;
```

在数据被读入缓冲区中后，建立一个循环来扫描这些数据。创建扫描数据的循环可以用函数 CFFTPCreateParsedResourceListing，该函数需要的参数包括数据的缓冲区、缓冲区的大小以及一个字典引用。它返回的是扫描的字节数。只要这个返回值大于0，循环就不会中止。函数 CFFTPCreateParsedResourceListing 创建的 Dictionary 包含了所有的目录列表信息，具体实现代码如下：

```
do
    {  bufRemaining = info->buffer + totalBytesConsumed;
       bytesConsumed = CFFTPCreateParsedResourceListing(NULL,
                                                bufRemaining,
                                                bufSize,
                                                &parsedDict);
    if (bytesConsumed > 0) {
      // 解析数据
      if (parsedDict != NULL) {
        CFRelease(parsedDict); }
      totalBytesConsumed += bytesConsumed;
      bufSize -= bytesConsumed;
      info->leftOverByteCount = bufSize; }
    else if (bytesConsumed == 0) {
        info->leftOverByteCount = bufSize;
        totalBytesRead -= info->leftOverByteCount;
        memmove(info->buffer,
        bufRemaining, info->leftOverByteCount); }
    else if (bytesConsumed == -1) {
    // 数据出错处 }
} while (bytesConsumed > 0);
```

4) 在服务器上创建目录

如果想要在一个远程服务器上创建一个目录，需要像上传文件一样创建一个写操作符。不同的是，传递给函数 CFWriteStreamCreateWithFTPURL 的 CFURL 对象是一个目录路径，而不是一个文件，文件名以一个斜杠结尾。比如，正确的路径应该是 ftp://www.imouseonline.com/newDirectory/，而不是 ftp://www.imouseonline.com/newDirectory/newFile.txt。

6.1.2 Game Kit Framework 介绍

Game Kit Framework 面向游戏开发者主要通过点对点网络连接和语音通讯来支持多人对战游戏。这个框架允许所有程序，不仅仅是游戏来通过蓝牙进行通讯，无需配对(注意：Game Kit Framework 在 iPhone SDK 3.0 及其以后版本中才能获得而且需要蓝牙网络的支持，所以 iPod Touch 一代和 iPhone 模拟器是不支持点对点的网络连接的)。

在 iPhone 中实现 P2P 连接可以通过 GKSession 类。

(1) 判断连接状态，实现“session:peer:didChangeState:”方法。该方法功能是更新其他 peer 的连接信息，通过传入的 peer 信息判断有新的 peer 加入或是有连接着的 peer 退出。

```
- (void)session:(GKSession *)session peer:(NSString *)peerID
didChangeState:(GKPeerConnectionState)state
{
    switch (state)
    {
        case GKPeerStateConnected:
        //有 peer 连接进来此时通知你的程序记录并维持该 peer 的信息
        break;
        case GKPeerStateDisconnected:
//此时通知你的程序指定 peer 已经退出连接
        break;
    }
}
```

(2) 发送数据。在上一步中可以确定 peer 之间的连接状态，当 peer 处于连接状态时可以通过下面的方式发送数据给其他与之连接的 peer。

```
- (void) mySendDataToPeers: (NSData * ) data
{
  [session sendDataToAllPeers: data
                 withDataMode: GKSendDataReliable
                        error: nil];
}
```

(3) 接收数据。

```
- (void) receiveData:(NSData *)data fromPeer:(NSString *)peer
inSession: (GKSession *)session context:(void *)context
{
    //通过步骤 2)中发送的数据可以从 data 中获取到并解析成程序中相应的
意义执行。
}
```

(4) 断开连接。

```
[session disconnectFromAllPeers];
session.available = NO;
[session setDataReceiveHandler: nil withContext: nil];
session.delegate = nil;
[session release];
```

6.2 音视频

iPhone 具有音视频多媒体功能。通过 Core Audio 和 OpenAL 框架来支持音频的处理，通过 Media Player 框架来支持视频的处理。相对于对音频的支持程度，iPhone 对视频的支持还不是很完善，程序员通过 Media Player 框架对视频操作的自由度也不是很大。因此，下面将主要介绍 iPhone SDK 是如何处理音频(特别是

AVFoundation 框架)的,最后简单介绍其对视频的处理能力。

6.2.1 音频

根据你所要面对的应用或游戏的需求,可以采取不同的声音处理方案。

(1) System Sound Services:播放简单的警告音、短音效或者震动。

(2) AVAudioPlayer:用最少的代码完成基本声音播放的功能。

(3) OpenAL:需要拥有最为完整的音频处理能力。

(4) Audio Queue Services:需要对音频拥有最高程度的控制力,包括对声音的同步以及录音功能。

(5) Audio File Stream Services:采用流媒体方式处理音频。

本书将主要关注第一和第二个声音解决方案,因为对于基本的应用程序或者游戏而言,这两种方案已经能解决绝大多数程序员所需要面对的声音处理功能,包括基本的音效和背景音等,且不至于太把注意力分散到声音处理这个模块上。当然,如果你的应用或游戏对声音有很高要求的话,建议使用 Audio Queue Services 或者 OpenAL(特别是对于跨平台开发来说)。

6.2.1.1 System Sound Services

在使用 System Sound Services 时,首先应该明确:它适用于处理的音频文件必须少于 30 秒,且必须是线性 PCM 或者 IMA4(IMA/ADPCM)格式并包装为".caf"、".aif"或".wav"文件。所幸的是:在 Mac OS X 系统下,有一个异常强大的音频处理工具 afconvert,你可以通过该工具完成几乎所有的音频转换需求。

同时,使用 System Sound Services 时,意味着你放弃了绝大多数对该音频文件的直接控制能力,包括音量控制、循环播放、同时播放等。但是,这里想要强调的是它在使用时所带给你的便利性,而这种便利性正是绝大多数程序员在处理简单应用或游戏时所希望的。下面分别列出了初始化、播放和释放时所需要的代码,大家可以看到,它十分简洁和直观。

(1) 初始化:

```
SystemSoundID  mySoundID;
NSString *path = [[NSBundle mainBundle] pathForResource:@"sample" ofType:@"caf"];
NSURL *url = [[NSURL alloc] initFileURLWithPath:path];
```

```
    AudioServicesCreateSystemSoundID((CFURLRef)url, &mySoundID);
    AudioServicesAddSystemSoundCompletion(mySoundID, NULL, NULL,
NULL, url);
    [url release];
```

(2) 播放:

```
    AudioServicesPlaySystemSound(mySoundID);
```

当你仅仅需要震动功能时,只要简单地向 AudioServicesPlaySystemSound 传入系统自带的 kSystemSoundID_Viberate 标识符即可:AudioServicesPlaySystemSound(kSystemSoundID_Viberate)。

(3) 释放:

```
AudioServicesDisposeSystemSoundID(mySoundID);
```

6.2.1.2 AVAudioPlayer

iPhone SDK 版本 2.2 以后新加入了 AVFoundation 构架,它特别适用于应用程序和游戏处理相对简单的声音操作,避免了对声音要求不高的应用或游戏,使程序员陷入复杂的声音处理模块。

AVFoundation 框架提供了一个易于操作的接口。它不仅支持播放一个声音文件,也支持同时播放多个声音文件,这样你就可以处理基本的混音。该框架支持多种基本的音频格式,包括“.mp3”、“.m4a”、“.wav”、“.caf”、“.aif”等,同时除了支持播放、停止等播放功能外,它还提供了访问音频文件的具有多种属性的功能。下面将详细讲述如何使用 AVFoundation 框架来处理你编写的应用或游戏中的声音。

AVAudioPlayer 类被包装成用来处理一个单一的音频文件,如果你的应用或游戏中同时有多个声音需要处理,那就要实例化多个 AVAudioPlayer 类,且每个 AVAudioPlayer 对象负责一个声音文件。有两种方法用来初始化一个 AVAudioPlayer 类:分别是通过 NSURL 和 NSData。当你需要指向应用中的一个具体资源时,就应该使用 NSURL:

```
#import <AVFoundation/AVFoundation.h>
NSError *err;
AVAudioPlayer  *player = [[AVAudioPlayer  alloc] initWithContentsOfURL:
                    [NSURL fileURLWithPath:[[NSBundle mainBundle]
                    pathForResource:@"sample" ofType:@"mp3"]]
                         error:&err];
```

上面这段代码通过指定资源的名字 sample 和类型 mp3，把 player 对象初始化为指向根目录下的 sample. mp3 音频文件，以后对该音频文件的操作就都可以通过 player 来完成了。当然，你也可以通过让 AVAudioPlayer 对象指向内存中的原始数据来初始化：

```
#import <AVFoundation/AVFoundation.h>

NSError *err;
AVAudioPlayer *player = [[AVAudioPlayer alloc] initWithData:myData
error:&err];
```

其中，myData 是一个 NSData 对象。

一旦完成了 AVAudioPlayer 对象的初始化，就可以设置或者获取它的属性了。你可以通过 AVAudioPlayer 来处理的属性主要包括：音量(volume)、循环播放次数(numberOfLoops)、声道数(numberOfChannels)、总共可以播放的时间(duration)、当前已经播放的时间(currentTime)等。这里需要提醒程序员注意的是：音量只能取 0.0～1.0 之间的浮点数，且 1.0 表示最高；默认循环播放次数是 0，即只播放一遍，当你把 numberOfLoops 设置为其他数值比如 2 时，整个音乐将播放 3 次而非 2 次！

当设置完这些属性以后，你就可以用 AVAudioPlayer 对象来播放音乐了。播放音乐可以通过简单地向对象发送 play 消息来实现，停止播放则是发送 stop 消息。这里也有两点需要特别指出的：首先，在 play 函数调用之前，系统会先调用 AVAudioPlayer 对象的 prepareToPlayer 函数，用来加载所有播放该声音所需的资源，并且把声音放在播放队列里以准备随时播放。虽然这个延迟非常的短暂，但如果声音文件较大且是第一次播放，或是在对声音实时性要求很高的场合，还是会出现滞后的问题。因此，如果你想在第一次向AVAudioPlayer对象发送play消息后就立刻开始声音的播放，则应该在此之前的某个代码模块中先显式地调用其prepareToPlayer函数，做好播放准备，这样就可以在即时播放的代码模块中调用play函数而没有延迟。另外，一个需要注意的地方是：可能读者会认为AVAudioPlayer对象没有暂停函数，即所谓的pause函数，而只有stop函数。其实，它的stop函数功能即是暂停的功能。在调用完stop以后，系统并不释放该声音文件所占用的资源，如果你接着调用play函数，声音也将接着原来的地方播放下去，因此该stop其实更准确地说应该就是pause函数。那么，我们该怎样实现本来stop的功能呢？如果想在之后调用play的时候从头开始播放，则应该在stop函数之后把AVAudioPlayer对象的currentTime属性设置为"0"，这样就强制性地把播放的指针指向声音的开始处；如果你想在调用完stop以后释放音频文件的资源，以后不再调用的话，则应该显式地把当前AVAudioPlayer对象通过release消息释放掉。

AVAudioPlayer类还给用户提供了读取声音文件音强(power)的接口，包括峰值音强和平均音强。如果你想开启获得音强信息的功能，应该把AVAudioPlayer对象的meteringEnabled属性设置为"YES"。

6.2.2 视频

iPhone SDK通过Media Player框架支持本地的视频播放。在iPhone中，视频播放只支持全屏模式。游戏开发者则可以通过使用这个功能在游戏中插入介绍剧情的视频资料，比如EA公司在iPhone上发布的极品飞车版本就是通过视频的播放来介绍游戏的剧情的；也可以用在产品介绍等场合，通过多媒体视频来传达更丰富的信息。

程序员目前在iPhone中对视频的控制能力是相当有限的：首先，前面已经提到，视频只能是全屏的，你不能在界面中嵌入视频；其次，你只能通过载入本地或者远程服务器上某个已有的视频资源来播放某个视频，而不能通过实时流媒体的形式(目前苹果公司已放宽了对于实时流媒体功能的限制，App Store上已出现了具有类似功能的视频录制、分享和播放软件，当然这些软件并非采用本书所讨论的Media Player框架)。

对于正在播放的视频，Media Player框架提供了若干操作视频的控件，包括改变音量、调整播放位置、开始和结束视频播放等功能。同时通过设置回调函数，你可以完成视频播放结束后的清理等工作。下面的代码首先初始化了一个视频，然后进行播放，最后通过设置播放结束时的回调函数，在结束播放时释放掉相关资源：

```
-(void)playMovieWithURL:(NSURL *)url {
    MPMoviePlayerController *moviePlayer = [[NSMoviePlayerController
    alloc] initWithContentURL:url];

    // 注册播放结束时的回调函数
    [[NSNotificationCenter defaultCenter] addObserver:self
                selector:@selector(movieFinishedCallback:)
                name:MPMoviePlayerPlaybackDidFinishNotification
                object:moviePlayer];
    // 开始播放视频
    [moviePlayer play];
}

-(void)movieFinishedCallback:(NSNotification *)notification {
    MPMoviePlayerController *moviePlayer = [notification object];

    // 在系统消息队列里面移除该消息
    [[NSNotificationCenter defaultCenter] removeObserver:self
                name:MPMoviePlayerPlaybackDidFinishNotification
                object:moviePlayer];
    // 释放视频对象
    [moviePlayer release];
}
```

6.3 3D 开发

OpenGL(Open Graphics Library)在桌面系统(desktop system)中主要用来渲染 2D 和 3D 图像,是一种基于 C 语言的跨平台开源图形库。由于其绘制命令直接发送给底层的图形硬件,并在那里进行渲染,因此 OpenGL 的绘制速度通常很快,也使其在需要实时输出高帧率图像的游戏和应用场景中发挥着重要作用。

OpenGL ES(OpenGL for Embedded Systems)是面向移动设备或嵌入式设备的简化版 OpenGL。并根据移动设备的图形硬件进行了相应优化。当我们要针对

iPhone 或者 iPod Touch 以及绝大多数移动设备进行关于 OpenGL 的开发时，现在你必须使用 OpenGL ES。OpenGL ES 已经从 1. x 发展到了现在的 2. x，从固定管线编程发展到可变管线编程。而 iPhone 3GS 提供了对 OpenGL ES 2. 0 的支持。本节的介绍基于 OpenGL ES 1. x 版本，主要分为两部分：OpenGL ES 应用程序或游戏的创建流程和在 iPhone 等移动平台上进行 OpenGL 开发的一些建议。

6. 3. 1　OpenGL ES 项目创建

首先我们利用 Xcode 的项目模板功能来创建 iPhone 的 OpenGL ES 的应用程序，这也是建议初级开发者使用的方法。

打开 Xcode，在 File 里面选择"New Project. . . "，如图 6-1 所示。

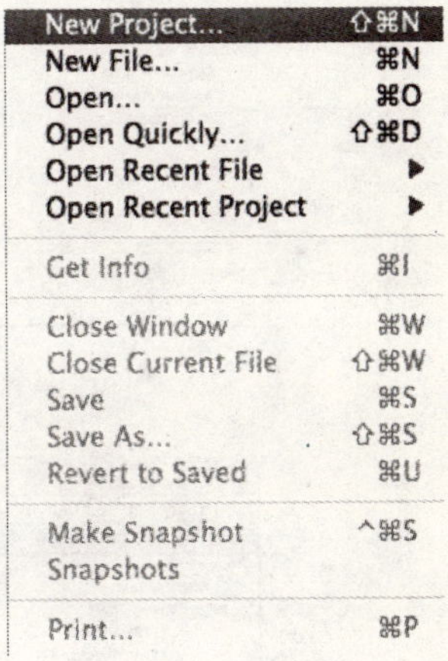

图 6-1　新建项目

接着将出现如图 6-2 所示的项目模板选择页面（如果没有出现的话，请先在左边的分类里面选择 iPhone OS 类别下的 Application 子目录）：

在该页面上选择 OpenGL ES Application 应用程序模板即可。该模板为使用 OpenGL ES 的项目提供了一个良好的起点，包括一个可以在上面直接进行 OpenGL ES 场景绘制的视图和一个用来实时生成更新场景内容的定时器。通过使用该模板，能在相当程度上提高 OpenGL ES 开发的效率。图 6-3 是用 Xcode 3. 1. 4 创建的模板应用程序：

在图 6-3 中，我们可以看到，Frameworks 里面多了一个 OpenGLES. framework，专门用来处理 OpenGL ES。同时有一个 Shaders 文件夹，存放着跟 OpenGL ES 2. x 渲染相关的两个文件，这里不另行介绍。而 Classes 目录下面也有两个 ESRenderer 类的子类 ES1Renderer 和 ES2Renderer，它们分别对应 OpenGL ES 1. x 和 2. x 这两个不同版本，用来实现各自的实时渲染函数。而 EAGLView 类就是事实意义上的绘制视图，用来完成和 OpenGL ES 渲染相关的初始化和帧率设置等工作。当完成项目的创建后，就可以使用 OpenGL 相关的绘制命令来进行画面渲染了。这里要特别提醒的是：OpenGL ES 不支持以 glBegin 开始、glEnd 结尾的立即模式图形编程，必须采用顶点数组的形式。因此你不能再通过一些简单的命令来绘制点、直线和多边形。但是，通过使用顶点数组，就迫使程序员将相关或无关的图形尽量放到一个数组里面，以提高绘制的效率。而效率对于 iPhone 等嵌入式设备是至关重要的。具体的 OpenGL 绘制命令可以参见该领域的红宝书《OpenGL Programming Guide》，本书将不再赘言。

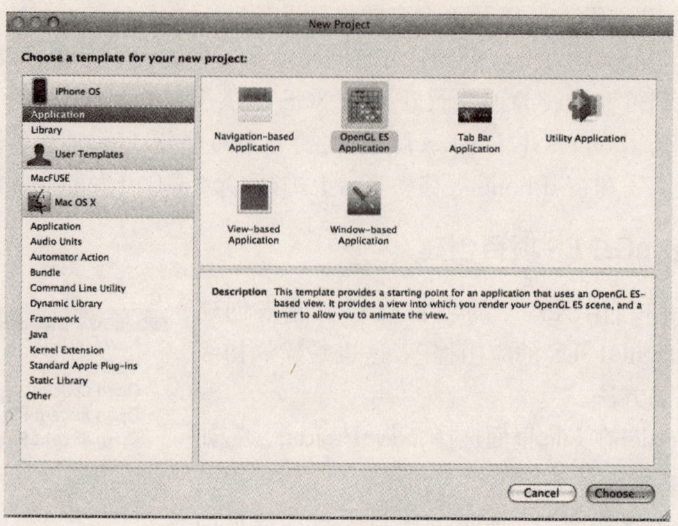

图 6-2 选择项目模板

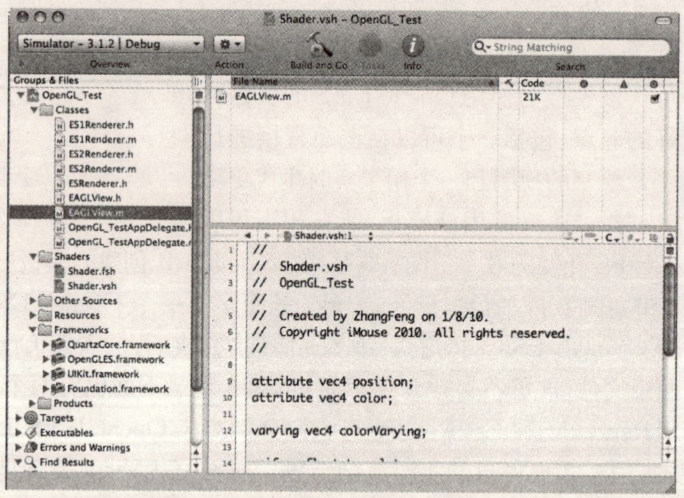

图 6-3 OpenGL ES Application 应用程序

当然，我们也可以通过手工创建项目来生成 OpenGL 渲染视图，这主要包括以下几个步骤：

(1) 将 OpenGLES.framework 添加到 Frameworks 目录下。

(2) 创建一个 UIView 的子类。

(3) 重载该类的类函数 layerClass。

```
//You must implement this method.
+ (Class) layerClass
{
    return [CAEAGLLayer class];
}
```

(4) 获得当前 UIView 类的层(layer)对象：

```
// Get the layer
CAEAGLLayer *eaglLayer = (CAEAGLLayer *)self.layer;
```

(5) 设置层的相关属性，特别是要将其不透明(opaque)属性设置为 TRUE：

```
eaglLayer.opaque = TRUE;
```

(6) 通过 NSDictionary 设置层的 drawableProperties 属性，包括自定义的颜色格式和是否在绘制完图像后保留当前图像到下一次渲染：

```
eaglLayer.drawableProperties = [NSDictionary dictionaryWithObjectsAndKeys:
                    [NSNumber numberWithBool:FALSE],
                    kEAGLDrawablePropertyRetainedBacking,
                    kEAGLColorFormatRGBA8,
                    kEAGLDrawablePropertyColorFormat, nil];
```

(7) 创建绘制上下文(drawing context)，这里创建了 OpenGL ES 1.x 版本的上下文：

```
context = [[EAGLContext alloc] initWithAPI: kEAGLRenderingAPIOpenGLES1];
```

(8) 设置当前上下文：

```
[EAGLContext setCurrentContext:context]
```

(9) 生成并绑定渲染缓冲区(render buffer):

```
glGenRenderbuffersOES(1, &colorRenderbuffer);
glBindRenderbufferOES(GL_RENDERBUFFER_OES, colorRenderbuffer);
```

(10) 把新创建的渲染缓冲区目标附加(attach)到当前的层对象上:

```
[context renderbufferStorage:GL_RENDERBUFFER_OES fromDrawable:layer];
```

(11) 生成并绑定帧缓冲区(frame buffer):

```
glGenFramebuffersOES(1, &defaultFramebuffer);
glBindFramebufferOES(GL_FRAMEBUFFER_OES, defaultFramebuffer);
```

(12) 将渲染缓冲区绑定到帧缓冲区:

```
glFramebufferRenderbufferOES(GL_FRAMEBUFFER_OES,
    GL_COLOR_ATTACHMENT0_OES, GL_RENDERBUFFER_OES, colorRenderbuffer);
```

6.3.2 iPhone 上 OpenGL ES 开发准则

在 iPhone 上进行 OpenGL 开发时,除了要参照 OpenGL ES 的官方手册(manual)以避免使用已被 OpenGL ES 删减的 OpenGL 命令函数和函数参数外,特别要注意以下两点:所有 OpenGL 的渲染视图都应该遮盖 iPhone 的整个屏幕并把其设为不透明;避免在使用 OpenGL 的同时,使用 UIKit 或 Core Animation 进行渲染。

iPhone 等移动平台上 OpenGL 的开发要注意平台软硬件的限制,要针对平台有限的 CPU、内存等资源进行相应的优化。

1) 状态设置

OpenGL 其实是一个巨大的状态机,它通过“glEnable()”、“glDisable()”、

“glColor *”等函数来不断地设置状态。而状态设置会带来巨大的开销，因为它会使正常运行的管道出现突然的中断，即使是一个冗余的状态设置，也会如此。因此，当你在改变 OpenGL 的某个状态时，首先应该确保已有的这个状态不是你想要的，避免重复设置。同样，glGetError 也会导致管道的中断，因此请确保只在 Debug 模式下使用该函数。为了减少状态的改变，应该尽可能地一起处理享用同种状态的对象或场景。比如 3D 游戏中有大量具有相同纹理属性的敌人需要渲染，这时应该是一次性地处理完这些对象的绘制，这样，整个绘制过程中渲染的状态就不需要改变。

2）纹理贴图

纹理贴图是 3D 游戏中常用也是消耗内存比较大的操作。一张 3k 大小的图片通常要占用 20k 左右的内存。游戏中会用到大量的图片，而加载图片会占用较大的内存空间和时间，这样就可能使移动设备运行速度变慢。这种问题的部分解决办法是：在使用缓存区加载图片时，由小图拼凑成一张大图，创建一张和拼凑后的大图同样大小的缓存空间，将小图贴在缓存上，此后就可以调用缓存图片，如此可以提高游戏的运行速度。

同时，由于移动设备的分辨率有限，因此为了节省内存，应该对纹理进行必要的处理。这包括两方面：一是减小纹理的尺寸，比如当我们把纹理的尺寸减小一半时，内存就会相应地减少四分之三。这不单是节省了空间，而且也提高了性能。因为当需要绘制的像素更少时，GPU 运行得更快。而且由于移动设备的分辨率不是很高，使用大尺寸的纹理和小尺寸的纹理，外观上的差异并不是很大。图 6-4 是作者在 iPhone 游戏 iDomino Lite 中的游戏截图：

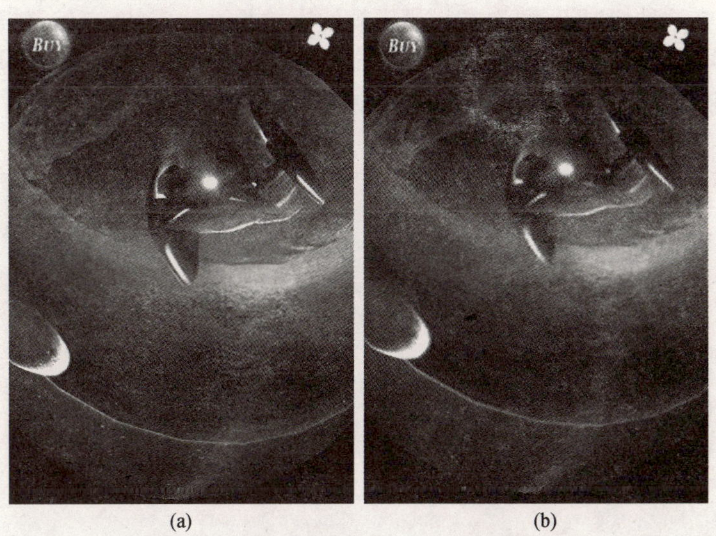

(a) (b)

图 6-4 游戏 iDomino Lite 中的游戏截图

图 6-4(a)使用了 1024×1024 大小的纹理，而图 6-4(b)使用了 512×512 大小的相同纹理。

除了通过直接减小纹理尺寸以节省内存外，也可以利用 texturetool 等纹理压缩工具来进行纹理的压缩。在 OpenGL 中载入压缩过的纹理时，应该使用 glCompressedTexImage2D 来代替 glTexImage2D 的使用。

另外，还可以通过减少三维模型的几何数据量等方式使 3D 游戏能在不牺牲很大质量的情况下，顺利地运行在移动设备上。

3) 跳帧

首先给出两个定义：

(1) 逻辑帧：在 OpenGL 的逐帧处理中，每一帧中处理逻辑运算功能的部分。

(2) 绘画帧：在 OpenGL 的逐帧处理中，每一帧中处理图像显示功能的部分。

当用 OpenGL 绘制图像时，如果在处理前一帧的绘制时花费时间过长，那么可以在当前的绘画帧完成多次逻辑帧的处理，直到逻辑帧赶上绘画帧为止。跳帧是一种视觉上的妥协，它是基于这样一个事实：在大多数情况下，逻辑帧相比绘画帧对于用户不敏感。

但是在最初设计程序时，应该做到：如果每帧不包含绘制帧时，应该可以处理两个以上的逻辑帧。跳帧只应该用于处理当有些帧需要耗费大量时间的特殊情况。

一般有两种类型的跳帧方式：一种是固定帧率的跳帧，即如果原来程序的帧率为 60 fps，现在降为 30 fps，则在每次绘画帧时调用两次逻辑帧；另外一种是浮动帧率的跳帧，在这种情况下，每次调用逻辑帧的次数是不确定的，它应该根据当前时间和上一次绘制时间的间隔来具体计算。所以浮动帧率的跳帧技术更加复杂，但往往也是最合适的。下面给出了浮动帧率跳帧的实现代码：

```
-(void)drawView {
    TIMEVALUE TimeDiff = SubtractTime(GetTimeNow, WorkTime);
    int WorkFrames = GetFrames(&TimeDiff);

    While (WorkFrames--) {
        Update_Input();
        Work();
        AddFrame(&WorkTime);
    }
```

```
    Draw();
}
```

本章小结

本章节带领读者了解和熟悉应用开发中如何采用网络、多媒体以及 3D 技术进行编程。在学习完本章后，读者应该对 iPhone 下的网络、视频、音频与 3D 开发有所了解，为进行实战开发打下基础。

本章内容参考了包括 Aaftab Munshi 撰写的《The OpenGL ES 2.0 Programming Guide》、《CFNetwork Programming Guide》、《Media Player Framework Reference》以及《CFNetwork Framework Reference》等文档。希望读者在学习完本章之后，继续深入阅读 iPhone SDK 中的相关文档。

7 调试工具

本章主要介绍苹果软件性能评估和测试的两个主要工具，它们分别是 Instruments 和 Shark，这两个工具在安装 iPhone SDK 的时候都是默认安装的。Instruments 文件所在位置为 Developer/Applications/Instruments，Shark 文件所在位置为 Developer/Applications/Performance Tools/Shark（Instruments 在 Mac OS 10.5 及其 Xcode 3.0 开始集成）。

7.1 Instruments

1）Instruments 主要功能

（1）在运行时对程序进行分析，分析和统计该程序对资源的利用情况（如内存、磁盘读写、网络访问等）。

（2）记录运行过程中的数据，对于资源的使用可以映射到具体代码，如指出某个内存是由哪个具体实例的哪个函数进行分配的，便于对 bug 进行定位。

（3）用户可以录制自己的操作序列，从而用该序列对程序进行多次分析和测试。如需要统计分析多次操作或是在修改代码后对统一操作再次进行测试。

2）实例分析

下面以分析 iMouse 开发的一个实际项目为例进行说明。

（1）启动界面。在这里选择"Object Allocations"对内存分配进行分析，如图 7-1 所示。

（2）选择要分析测试的项目。此处我们选择 FarmLand2.app 进行测试，这里你也可以通过选择"Choose Executable"选项选择其他要测试的项目（注意文件扩展名为 app），如图 7-2 所示。

（3）开始启动测试。这时候上一步中选择的程序开始在模拟器中运行，同时 Instruments 的时间轴开始显示内存使用情况，如图 7-3 所示。

（4）图 7-4 显示跟踪该程序分配的 UIImageView 对象，图中右下方框中数据第 5 列显示该程序中分配的 UIImageView 对象，第三列显示目前还在使用的 UIImageView 对象数量。

（5）图 7-4 中点击 UIImageView 后面的小圆箭头，可以看到该程序所有 UIImageView 对象的细节信息，图 7-5 右下数据列表中第 8 行显示该 UIImageView

对象是由 FarmLand2 工程中 UserCtrl 类的 disableGameStartView 方法分配的。

(6) 点击图 7-5 右下数据列表中第 8 行[UserCtrl disableGameStartView]一栏,可以最终对应到该 UIImageView 是由代码“mask = [[UmageView alloc] initWithImage:maskImage];”分配的,如图 7-6 所示。

根据以上(1)~(6)步，就可以对程序中的任何对象进行数据跟踪和分析,并对应到相应的代码,更方便地测试和调整我们的程序。与此类似,对于 CPU 使用、IO 操作、网络使用等的数据分析和跟踪只要在第(1)步中选择相应的工具就可用了,这里不再举例说明,留给读者在开发过程中自己去体验。

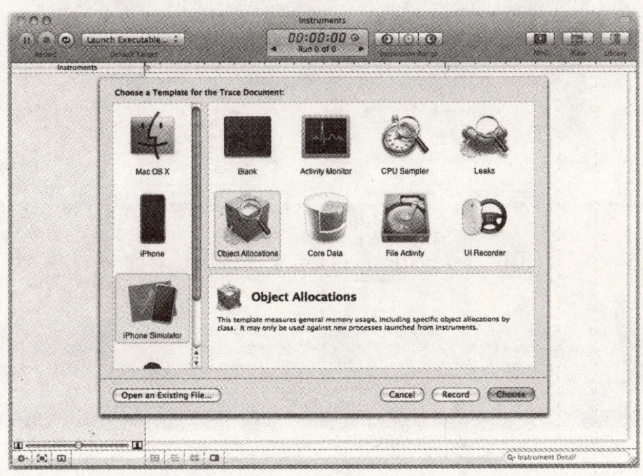

图 7-1 Instruments 启动界面

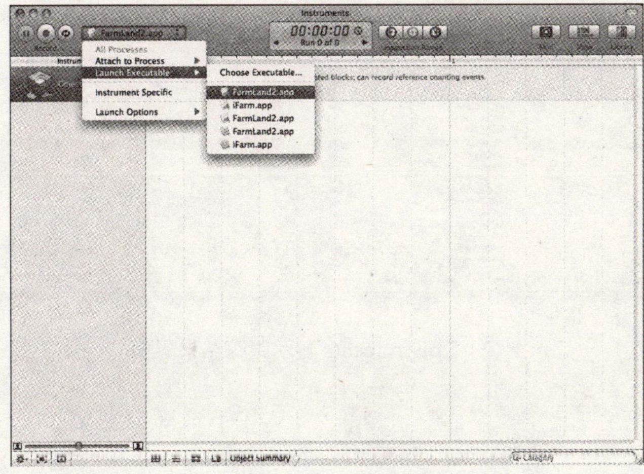

图 7-2 Instruments 选择测试项目界面

图 7-3 Instruments 启动测试项目界面

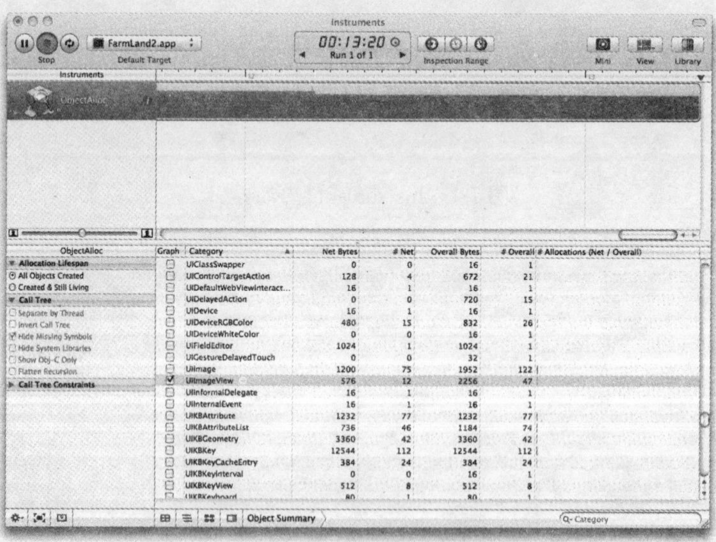

图 7-4 Instruments 显示跟踪结果界面

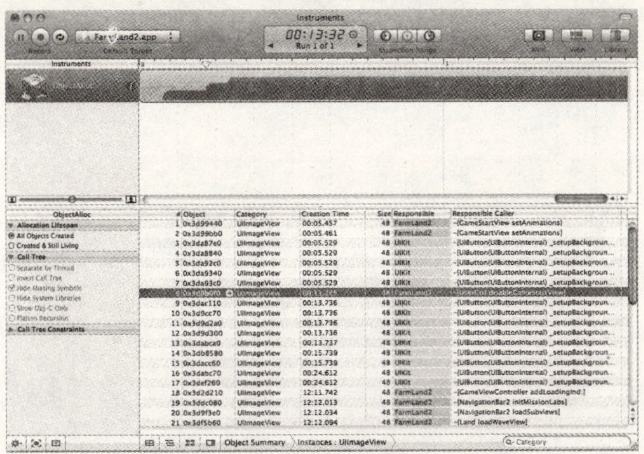

图 7-5　Instruments 显示细节信息界面

```
-(void)disableGameStartView {
    UIImage *maskImage = [[UIImage alloc] initWithContentsOfFile
    [imagesArr addObject:maskImage];
    [maskImage release];
    mask = [[UIImageView alloc] initWithImage:maskImage];
    mask.userInteractionEnabled = YES;
    if (isFirstUser && newUserView)
        [delegate insertSubview:mask belowSubview:newUserView];
    else
        [delegate insertSubview:mask belowSubview:welcomeView];
    [mask release];
}
```

图 7-6　Instruments 显示对应代码界面

7.2　Shark

这一节中我们继续以 FarmLand2 这个项目来讲解 Shark 的使用。

(1) 首先启动 Xcode,选择“Porject —> Edit Project Settings”,这时出现如下对话框,选择“Configurations”,再选择“Debug”,然后点击对话框下边的“Duplicate”按钮,复制出一个配置文件并更名为“Optimization”,如图 7-7 所示。

(2) 在 Xcode 中选择“Project —> Edit Active Target”“FarmLand2”,出现如图 7-8 的对话框,选择“Build”一栏,在搜索框中输入 strip 并按图中设置对应选项。

(3) 在 Xcode 中设置 Device|Optimization,然后运行项目,如图 7-9 所示。

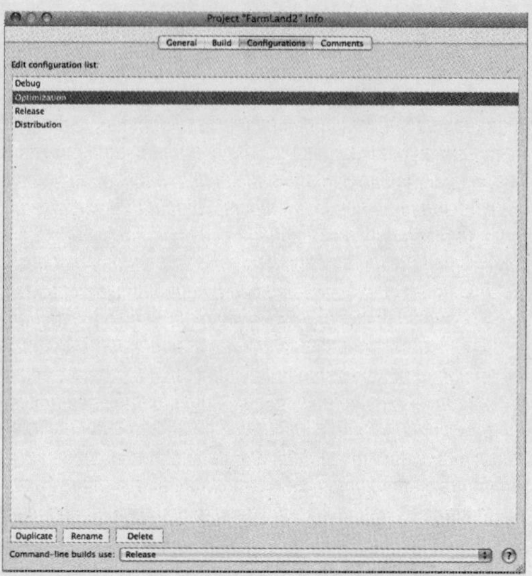

图 7-7 Xcode 中复制并更名配置文件的界面

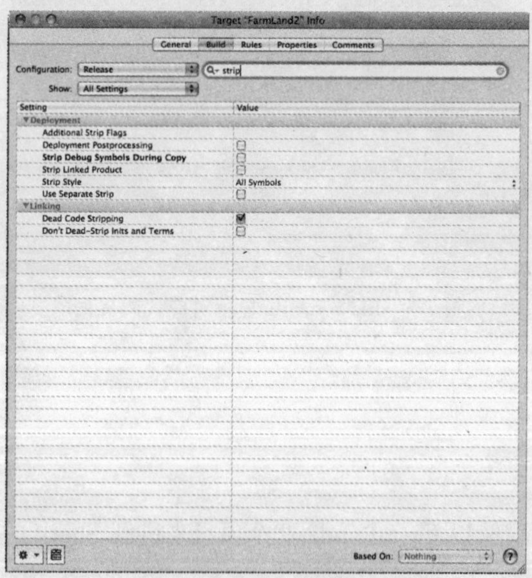

图 7-8 Xcode 中搜索 strip 的界面

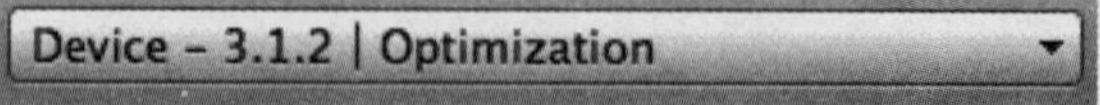

图 7-9 Xcode 中设置项目配置为 Optimization 的示意图

(4) 启动 Shark 程序后可以看到图 7-10。此时，iPhone 或是 iPod touch 设备必须与电脑连接，在列表框中才能看到相应的设备选项，如图选择iMouse's iPod，同时在“Target”一栏中，选择要测试的项目 FarmLand2(注意要先在机器上运行要测试的项目并等待一定时间，在列表中才会出现你运行的项目，如果一直没出现就选择 Everything)，然后点击“Start”。

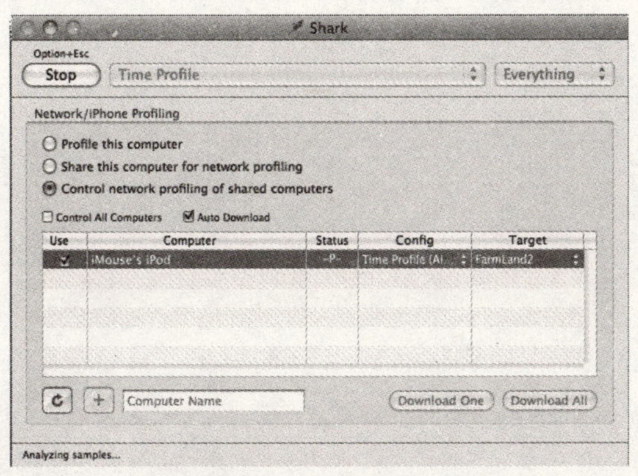

图 7-10 启动 Shark 程序后的界面

(5) Shark 启动以后，就可以对测试程序进行测试操作，在这个过程中，Shark 收集程序各函数运行所占用的 CPU 时间，当点击“Stop”按钮，Shark 开始下载统计数据(这可能需要几分钟的时间，需要耐心等待)，当数据统计完成后就出现如下对话框，在图 7-11 中可以看到各函数的运行情况。

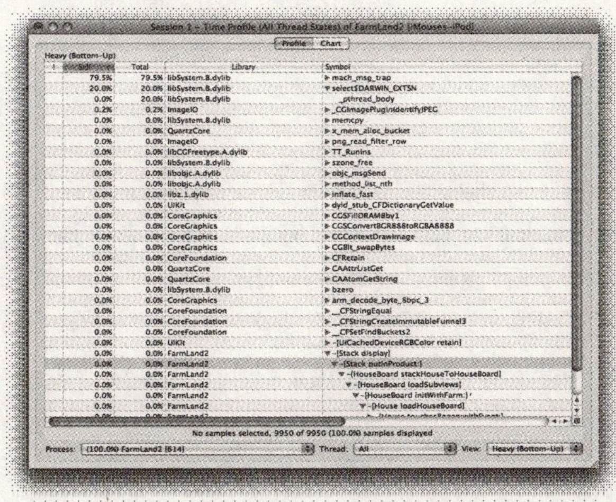

图 7-11 Shark 程序显示运行情况的界面

(6) 在图 7-11 中点击对应的函数,可以映射对应的代码,此时你可以根据 Shark 提供的代码运行时间,对相应的代码进行优化,如图 7-12 所示。

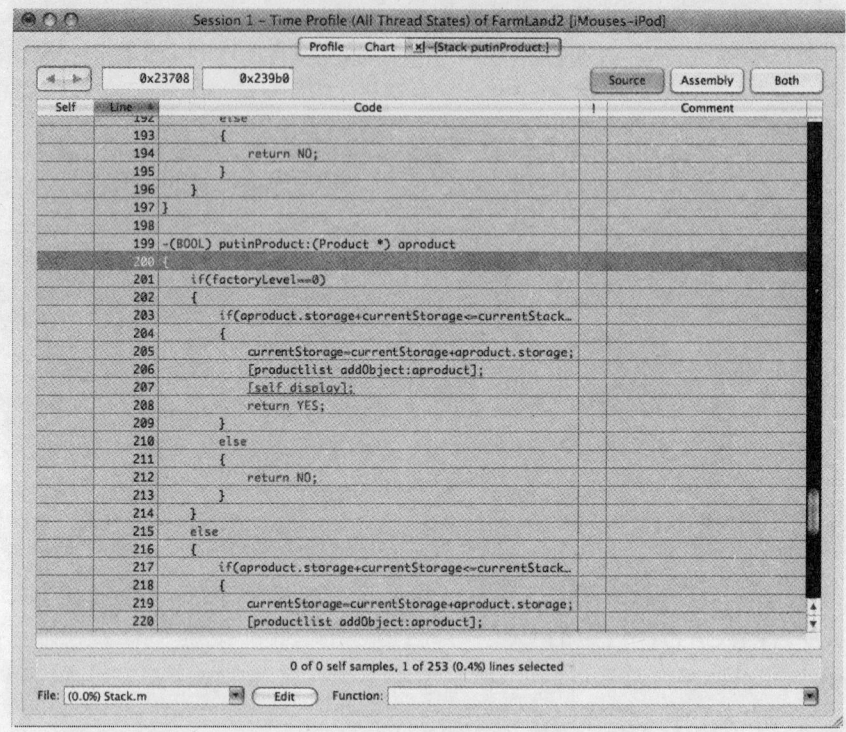

图 7-12 Shark 程序显示对应代码的界面

本章小结

本章节带领读者了解和熟悉应用开发中如何利用工具调试和测试代码,介绍了 Instruments 和 Shark 的使用。在学习完本章后,读者应该对 iPhone 下应用程序的调试和测试有所了解,能够对代码进行调试分析。

本章内容参考了 iPhone SDK 中的相关文档,包括《Instruments Quick Start》以及《Shark User Guide》等。希望读者在学习完本章之后,在以后的学习过程中继续深入阅读 iPhone SDK 中的相关文档。

8 应用开发与发布过程

要想在 Apple 设备上安装和测试应用程序、游戏，以及在 App Store 上正式发布销售，需要获得相关证书并正确完成相关步骤。这些方法和内容将在本章节中进行介绍。

8.1 开发过程

在 Apple 设备上安装和测试应用/游戏，需要注意如图 8-1 所示的 4 个步骤：

(1) 开发证书申请。

(2) 开发设备配置。

(3) APP ID 创建。

(4) 开发配置文件。

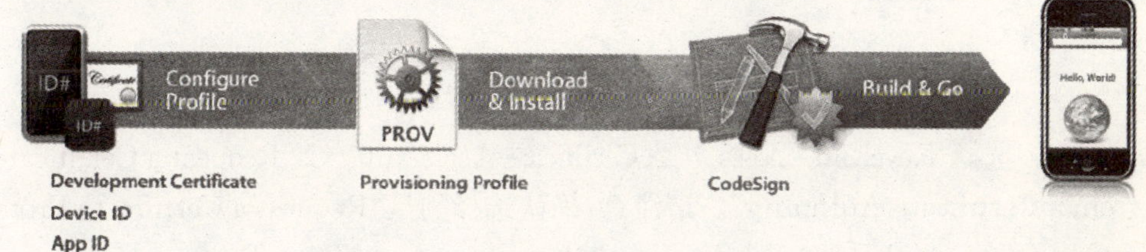

图 8-1 开发过程需要做的 4 个步骤

8.1.1 开发证书申请

所有 iPhone 应用要能在 Apple 设备上运行，必须先用一个有效证书签名。因此，开发人员要在 iPhone 设备上测试，就需要有 iPhone 开发证书。

这张数字证书是由一个私有的私钥和一个公开的公钥组成。Xcode 就是用私钥对 iPhone 应用进行签名。证书将是开发者的数字身份，并包含开发者的其他信息如姓名、电子邮件等。

iPhone 开发证书在一定的时间内有效，并只能用于开发。需要注意的是，Apple 证书中心可以在一张证书过期前将其注销，使其失效。

8.1.1.1 生成证书请求 CSR

要申请一张 iPhone 开发证书，首先需要利用 Mac OS Ⅹ 中的 Keychain Access 程序生成一个证书请求（CSR）。通过 Keychain Access 生成证书请求 CSR 的同时，将生成开发者的公钥和私钥对，从而建立起开发者的 iPhone 开发身份。开发者的私钥默认保存在 login Keychain 中，可以通过 Keychain Access 程序在“Keys”分类中找到。生成证书请求 CSR 的步骤如下：

(1) 在 Applications 目录中，打开 Utilities 目录，从中启动 Keychain Access。

(2) 在 Preferences 菜单中，将在线证书状态协议（OCSP）和证书撤销列表（CRL）设置为“Off”，如图 8-2 所示。

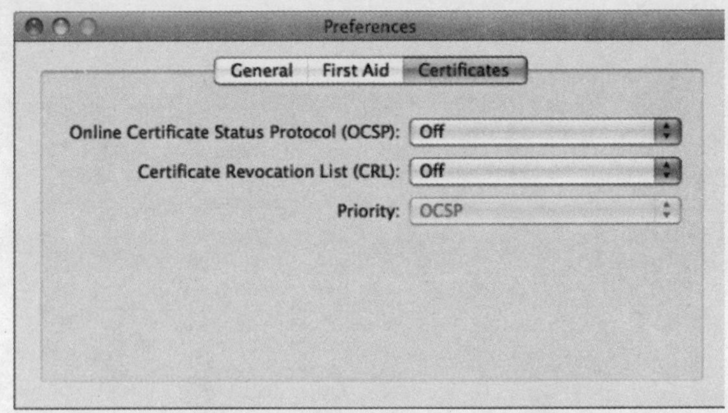

图 8-2 Keychain Access 设置界面

(3) 选择“Keychain Access －> Certificate Assistant －> Request a Certificate from a Certificate Authority”。请注意：确认选择的是“Request a Certificate From a Certificate Authority...”，而不是“Request a Certificate From a Certificate Authority with <Private Key>...”。

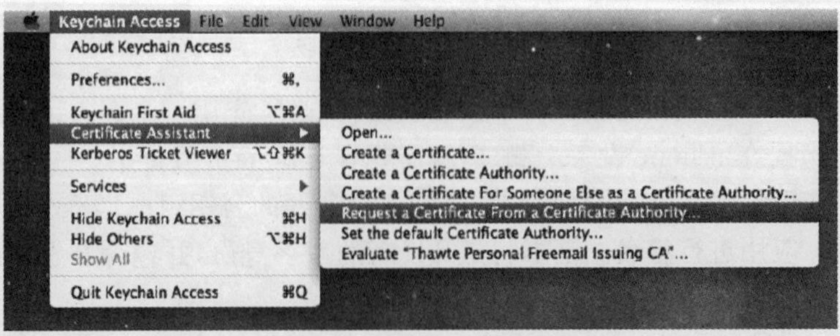

图 8-3 Keychain Access 请求 CSR 界面

(4) 在用户 email 地址栏，输入你的 email 地址。请注意：确保该 email 地址和注册为 iPhone 开发者时，所填写的 email 地址是相同的。

(5) 在通常姓名栏输入一个独特的名称，以用来在 Keychain Access 中标识开发者的 iPhone 开发证书私钥。

(6) 不用填写 CA(证书中心)的 email 地址。

(7) 选择“Saved to Disk”按钮，以及“Let me specify key pair information”，点击“Continue”，如图 8-4 所示。

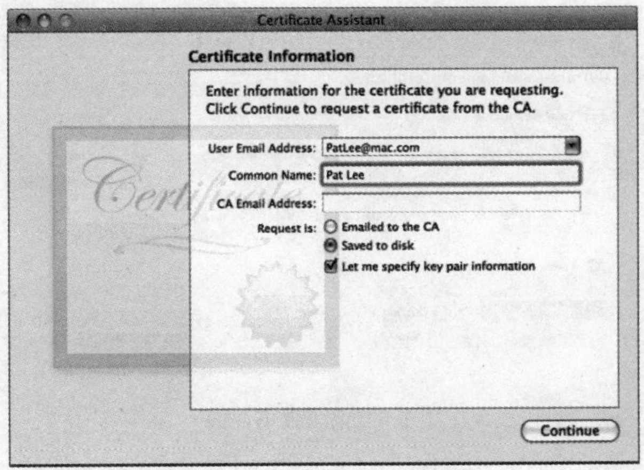

图 8-4 证书信息填写界面

(8) 指定一个保存密钥对信息的文件，点击“Save”。再选择密钥长度“2048 bits”，以及“RSA”算法，点击“Continue”，如图 8-5 所示。

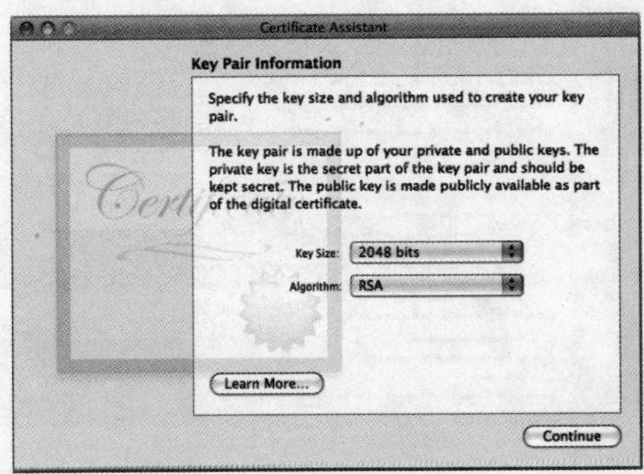

图 8-5 密钥对信息选择界面

(9) 证书请求 CSR 文件将生成在桌面上。

8.1.1.2 提交证书请求 CSR

(1) 登录 iPhone 开发者门户(iPhone Developer Program Portal),选择"Certificates" —> "Development",然后点击"Request Certificate",如图 8-6 所示。

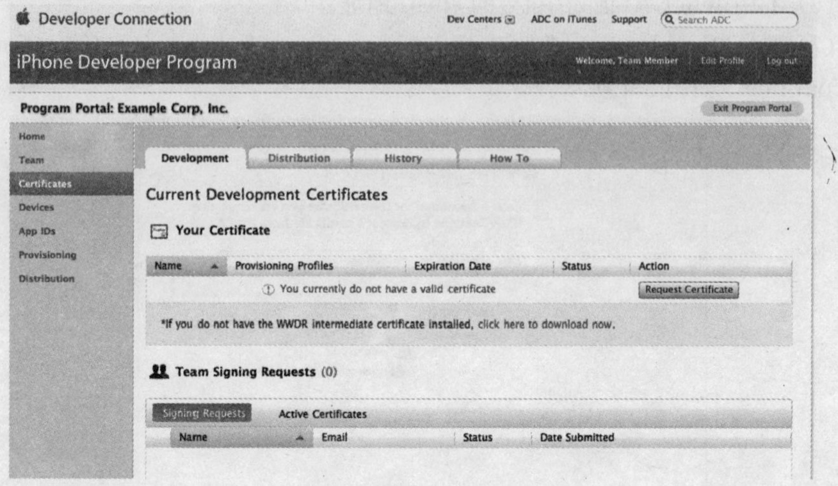

图 8-6 请求证书界面

(2) 点击"Choose File",选择上一步生成的 CSR 文件,再点击"Submit"。注意:如果在 CSR 生成时密钥没有设置为 2048 位,这时会被拒绝接受,如图 8-7 所示。

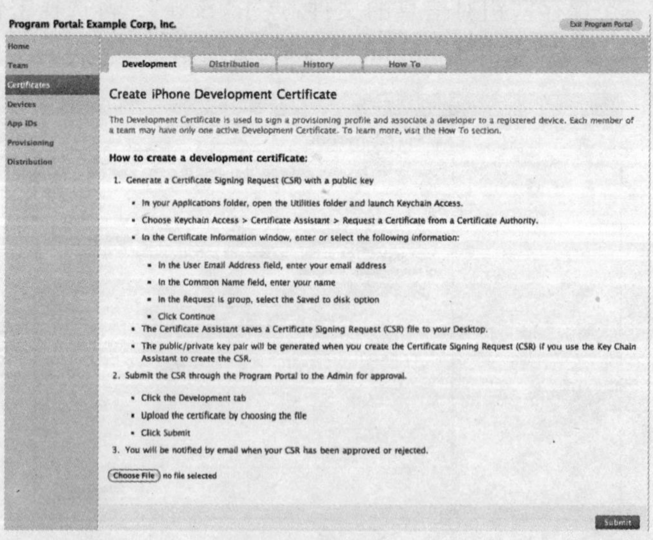

图 8-7 提交 CSR 界面

(3) 此后，再以管理员身份去批准这一证书请求，如图 8-8 所示。

图 8-8 批准证书请求界面

8.1.1.3 下载安装开发证书

(1) 在证书请求得到批准后，就可以通过 iPhone 开发者门户中的“Certificates”栏去下载证书了。点击“iPhone”开发证书旁的“Download”按钮，将证书下载到本机中。

(2) 双击下载的“.cer”文件，这将启动 Keychain Access 来安装证书，如图 8-9 和 8-10 所示。

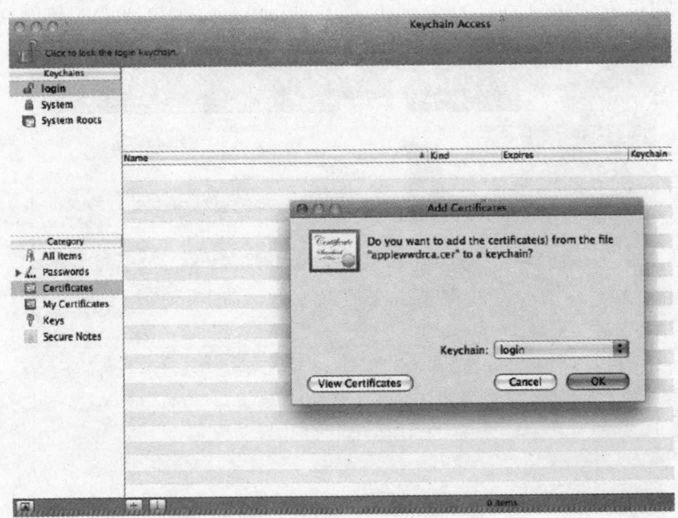

图 8-9 安装证书界面

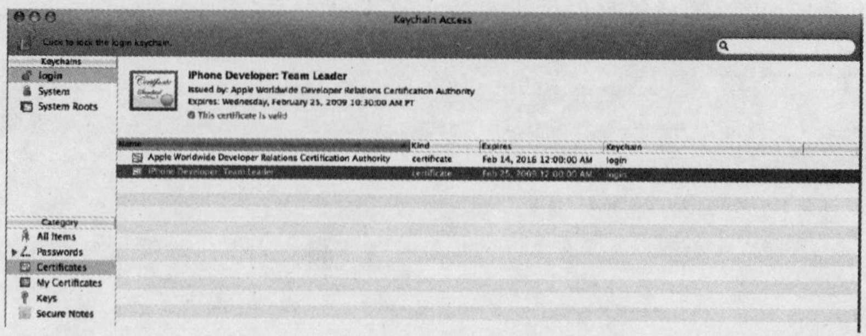

图 8-10 安装证书结束后的界面

8.1.2 开发设备配置

开发者需要在 iPhone 开发者门户中的"Devices"栏中，输入准备用于开发的 Apple 设备。在这里，需要输入 iPhone/iPod touch 的唯一设备号（Unique Device Identifier ，UDID）。UDID 是与设备关联的 40 个字母组成的字符串。可以输入 100 个设备用于开发，它们的 UDID 将用在后面的设备配置文件中。

8.1.2.1 获取设备号 UDID

获取设备的 UDID 号，这里介绍两个方法。

（1）将设备连接到 Mac 机上，打开 Xcode 程序，在 Xcode 中选择"Window"，并在下拉菜单中选"Organizer"。在 Identifier 栏目中显示的 40 位字符就是这个设备的 UDID，如图 8-11 所示。

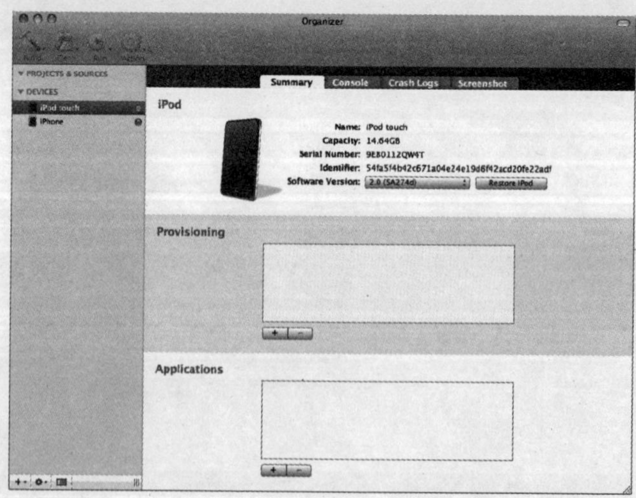

图 8-11 利用 Xcode 获取 UDID

(2) 利用 iTunes 7.7 或更高版本。连接设备到 Mac 机上，并启动 iTunes。在 iTunes 中的"Devices"栏，选择该设备，并选择 Summary 项。点击"Serial Number"栏，就可以看到"Identifier"栏中的 UDID，如图 8-12 所示。

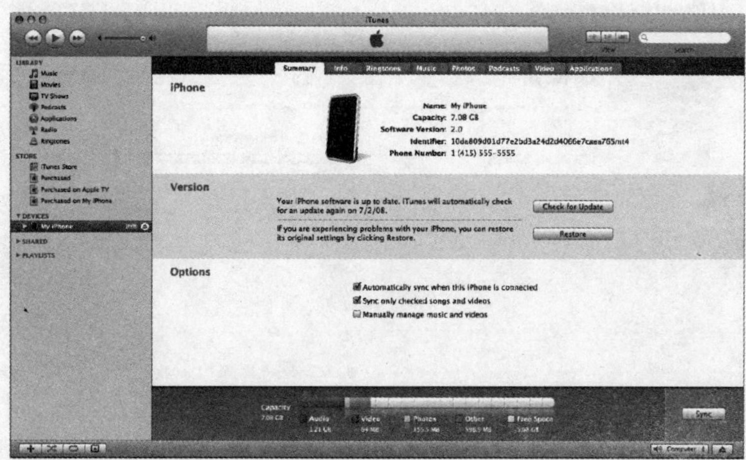

图 8-12 利用 iTunes 获取 UDID

8.1.2.2 添加开发设备

在 iPhone 开发者门户中的"Devices"栏，点击"Add Device"，输入设备的名称以及 UDID 后，点击"Submit"，如图 8-13、图 8-14 所示。

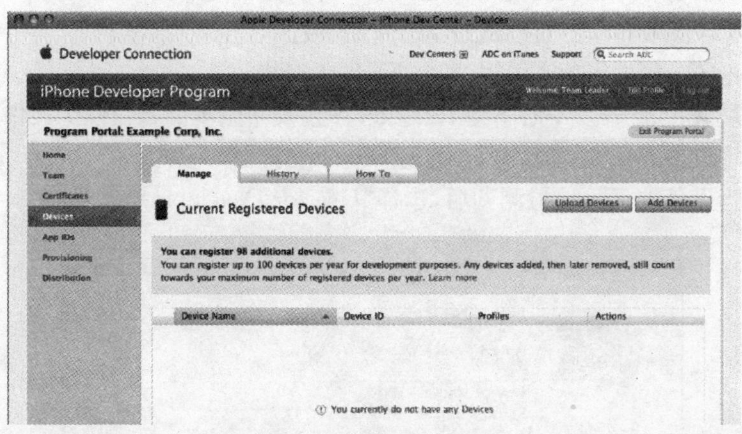

图 8-13 添加开发设备界面 1

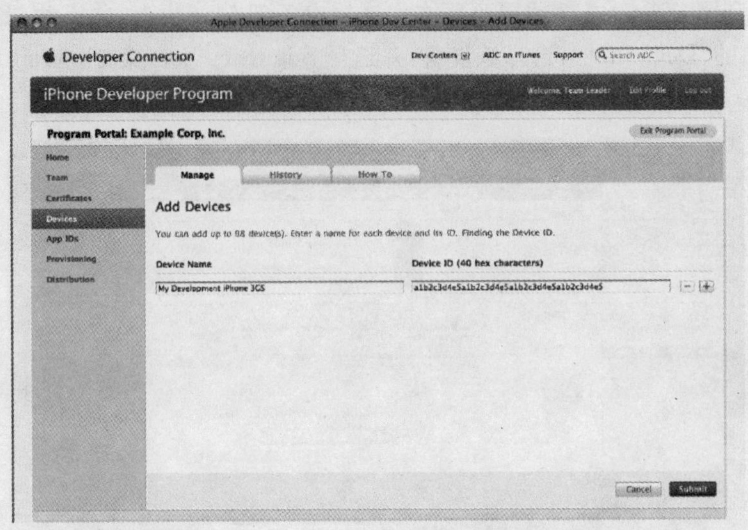

图 8-14 添加开发设备界面 2

8.1.2.3 安装 iPhone OS

为了在 Apple 设备上运行代码，需要在每个开发设备上安装 iPhone OS，并将设备置于开发状态。注意：如果安装预发布版本的 iPhone OS，那么这个设备就不能恢复到以前版本的 iPhone OS 了。在注册设备 UDID 之前，请不要安装 iPhone OS，否则该设备有可能无法使用，如图 8-15 所示。

iPhone OS 发布版本可以通过 iTunes 安装。

iPhone OS 预发布版本可以通过以下步骤安装：

(1) 从 iPhone 开发中心下载 iPhone OS 预发布版本的磁盘镜像文件(.dmg)。

(2) 将设备连接到 Mac 机上，关闭 iTunes，打开 Xcode。

(3) 当设备被 Xcode 检测到后，选择“Use for Development”。

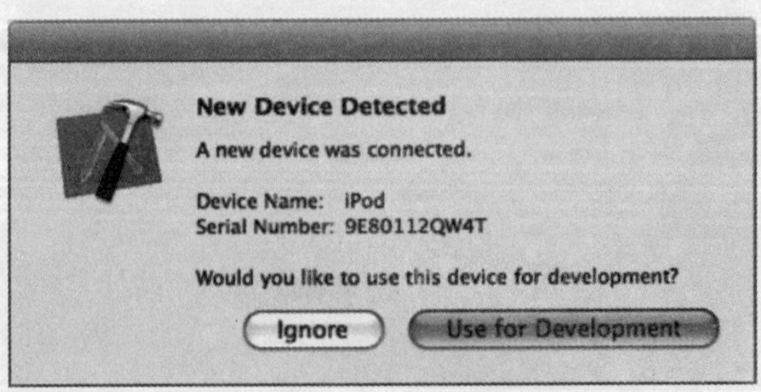

图 8-15 确认界面

(4) 在 Xcode 中选择“Window” —> “Organizer”,即可看到设备及其软件版本相关的信息。

(5) 在“Software Version”下拉菜单中,选择“Other Version”,并通过 Finder 选中从 iPhone 开发中心下载的 iPhone OS . ipsw 文件后,点击“Restore iPod”,如图 8-16 所示。

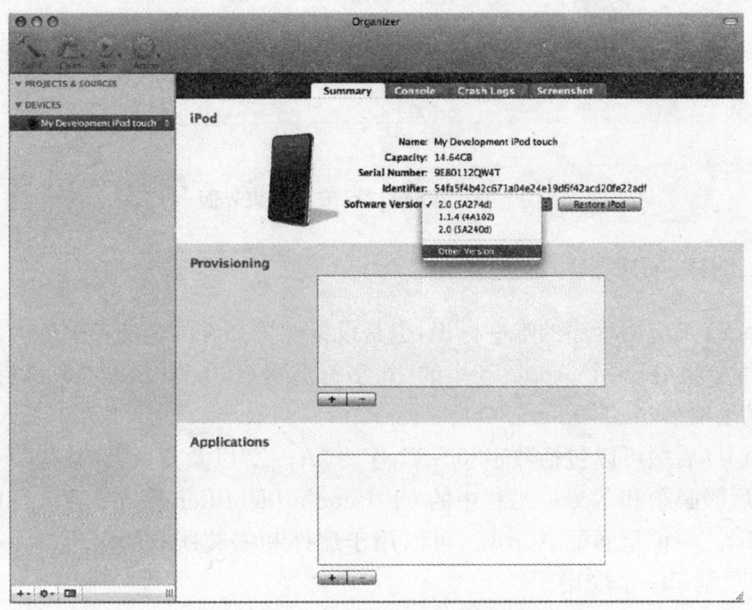

图 8-16 iPhone OS 安装界面

(6) 在 Xcode 操作进行中,请不要中断该操作,这大概需要 5 分钟时间,如图 8-17 所示。

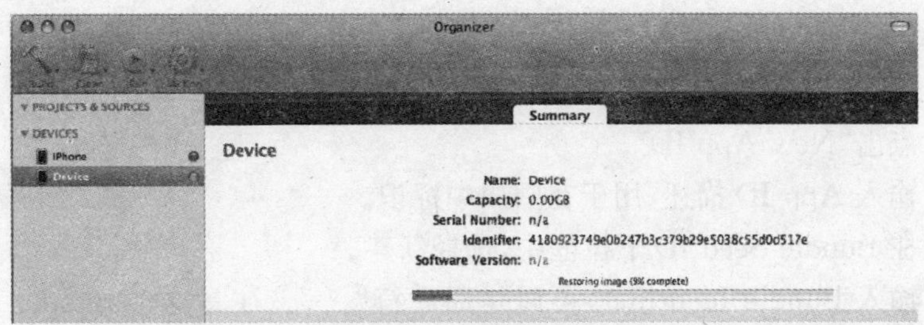

图 8-17 iPhone OS 安装进行中界面

(7) 在设备重启后,Xcode 将再次显示“New Device Detected”,请点击“Use for Development”。

(8) 启动 iTunes 配置设备，即完成了 iPhone OS 安装，如图 8-18 所示。

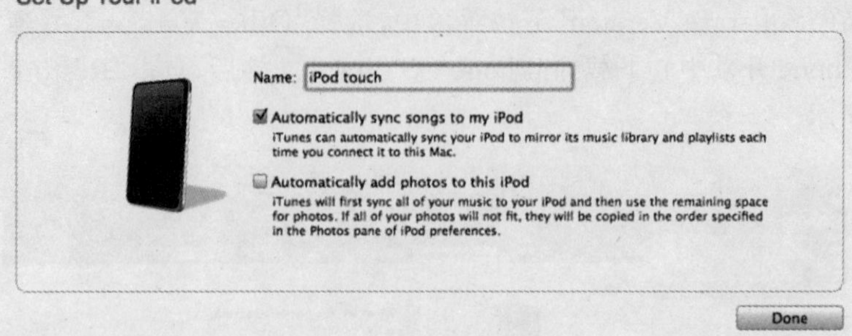

图 8-18 iPhone OS 安装结束界面

8.1.3 创建 APP ID

App ID 是应用程序的唯一标识，也是设备配置文件内容的一部分。每个 App ID 由两部分组成，一个 Apple 产生的 10 字符前缀(Bundle Seed ID)，以及一个由你指定的后缀(Bundle Identifier)。

App ID 后缀可以包括数字"0～9"，字母"A～Z"以及点"."和减号"－"。这个 App ID 后缀必须和 Xcode 工程中的 CF Bundle Identifier 保持一致。可以采用两种 App ID。一种是通配 App ID，可以用于编译和安装所有的应用。一种是独立 App ID，限制于一个应用。

通配 App ID 对于刚开始在 iPhone OS 上开发的人来说，比较简单。通配 App ID 的后缀部分是通配符"＊"。通配 App ID 情形下，在 Xcode 的 CF Bundle Identifier 中，你可以任意填写字符。若在 iPhone OS 2.0 下开发，请采用通配 App ID。

具体步骤如下：

(1) 进入 iPhone 开发者门户的"App ID"栏。

(2) 点击"New App ID"。

(3) 输入 App ID 描述，用于在门户中标识。

(4) 在 Bundle Seed ID 下拉框中，选择新建。

(5) 输入 Bundle Identifier，可以是通配符"＊"。注意这个 Bundle Identifier 需要与 Xcode 中的 CF Bundle Identifier 保持一致。

(6) 点击"Submit"。这时 10 字符的 Bundle Seed ID 就生成了，App ID 也就得到了，如图 8-19 所示。

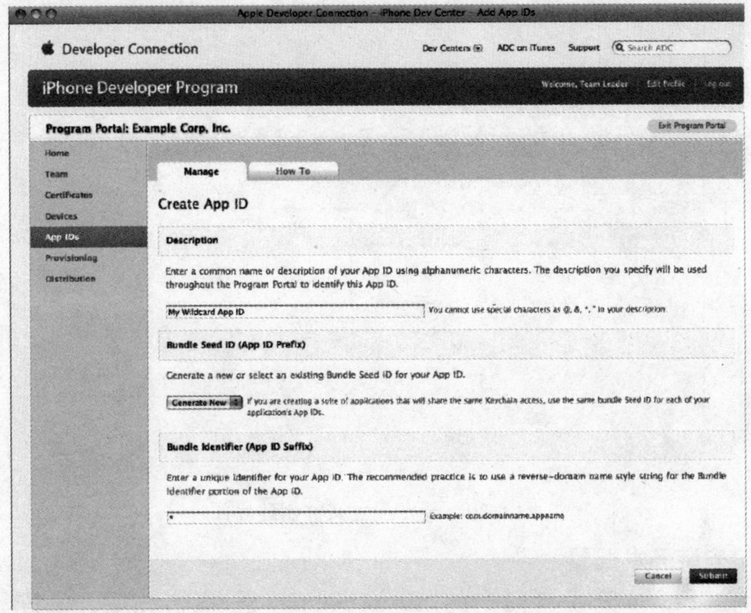

图 8-19 App ID 创建界面

8.1.4 开发配置文件

配置文件包含设备与开发者信息，确保设备可以用于测试。在每个将用于开发测试的设备上，必须安装开发配置文件。开发配置文件包含 iPhone 开发证书、设备号 UDID 以及 App ID，并且在 90 天内有效。一个设备可以对应有多个配置文件。

8.1.4.1 创建开发配置

(1) 在 iPhone 开发者门户“Provisioning”栏的 Development 项，点击“Add”。

(2) 输入配置文件的名称。

(3) 指定配置中的所有设备。注意：如果没有指定某设备，即该设备的 UDID 没有出现在配置文件中，那么就不能在该设备上安装应用。

(4) 指定配置中的 iPhone 开发证书。

(5) 指定配置中的 App ID。一个开发配置文件只能指定一个 App ID。

(6) 点击“Submit”生成开发配置文件，如图 8-20 所示。

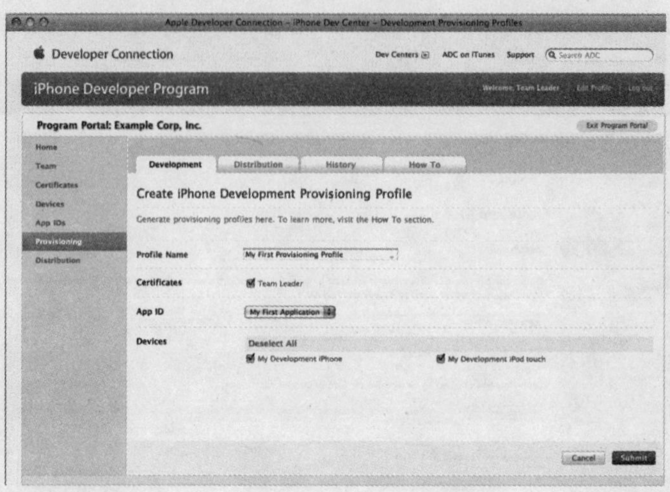

图 8-20 开发配置文件创建界面

8.1.4.2 安装开发配置

(1) 在 iPhone 开发者门户的“Provisioning”栏，点击相应开发配置文件的“download”按钮。

(2) 将下载的开发配置文件拖拽到 Xcode 或 iTunes 上，即可安装到 Mac 机上，如图 8-21 所示。另一种方法是，拷贝文件到“~/Library/MobileDevice/Provisioning Profiles”下，如果目录不存在，就新建一个，如图 8-22 所示。

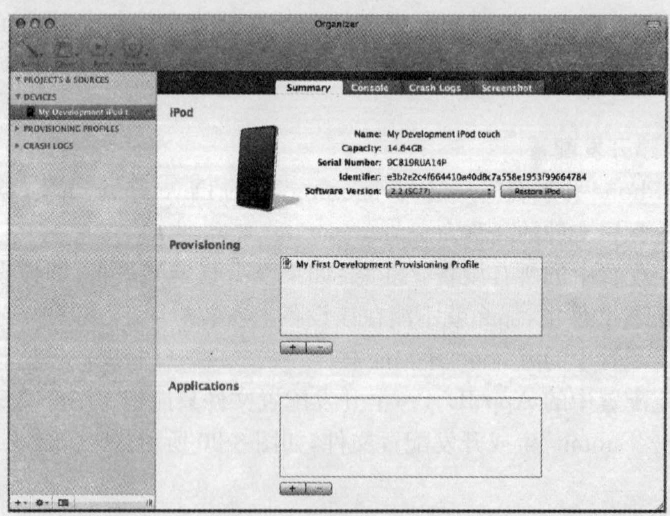

图 8-21 开发配置文件安装界面

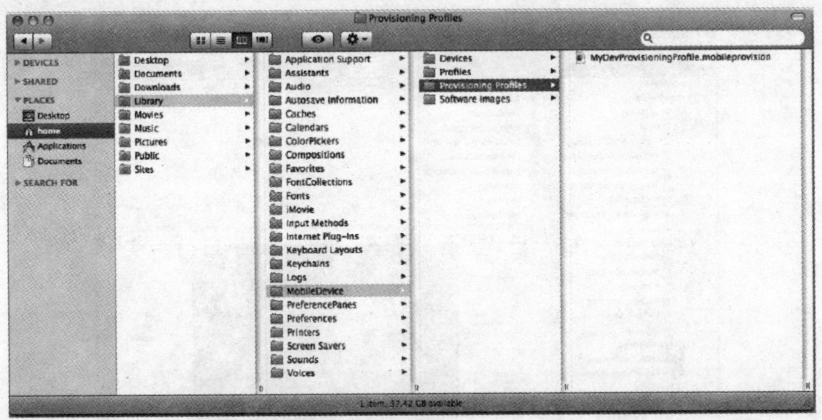

图 8-22 开发配置文件拷贝界面

(3) 连接设备到 Mac 机上，启动 Xcode。

(4) 在 Xcode 中选择“Organizer”，并选择设备。在 Provisioning 栏点击“+”后，选择开发配置文件。

8.1.4.3 编译调测应用

有了 iPhone 开发证书、Apple 设备和开发配置文件，就可以通过 Xcode 在开发设备上编译和安装应用了。以下是具体步骤：

(1) 启动 Xcode，打开工程。

(2) 在 Project 窗口，在左上方的“Device | Debug”下拉菜单中选择“Device-iPhone OS”，如图 8-23 所示。

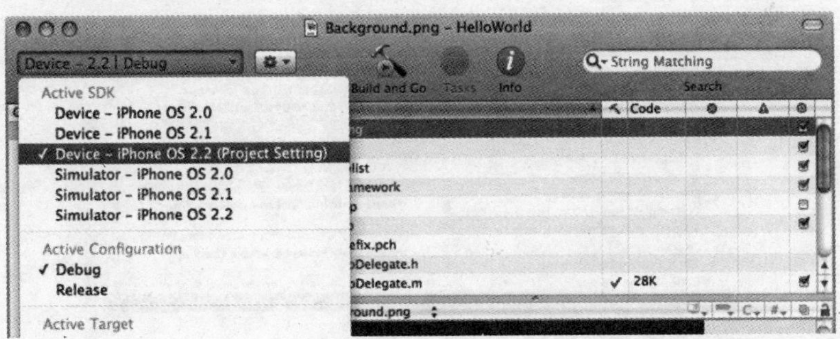

图 8-23 调测配置界面 1

(3) 选中 project Target 后，点击菜单上方的“Info”按钮，如图 8-24 所示。

(4) 在 Target Info 窗口中，选中“Build”项，点击“Code Signing Identity” 中的“Any iPhone OS Device”项，指定合适的 iPhone 开发证书，如图 8-25 所示。

(5) 点击“Build and Go”，即可在设备上调测应用程序，如图 8-26 所示。

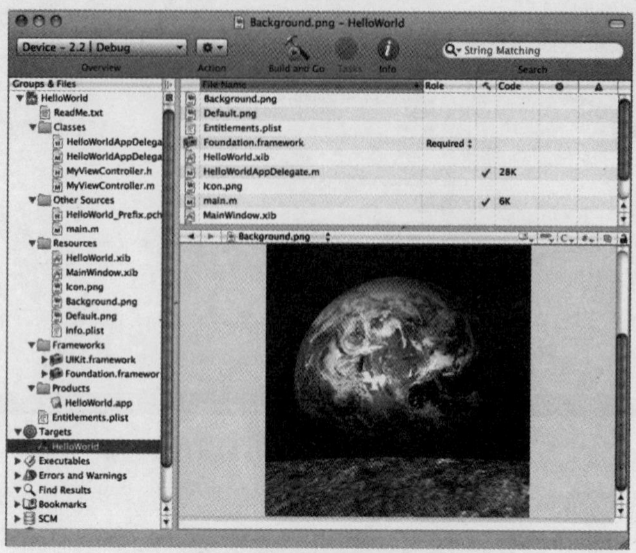

图 8-24 调测配置界面 2

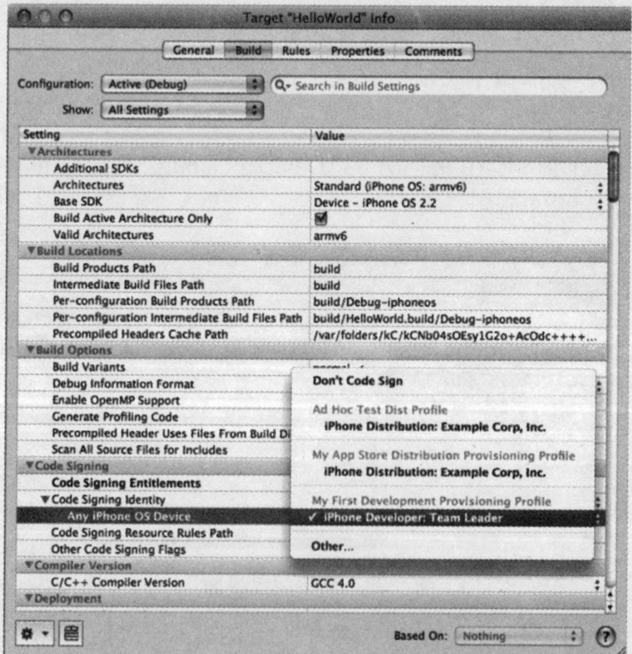

图 8-25 调测配置界面 3

图 8-26 调测示意界面

8.2 发布过程

iPhone 开发者门户中的 distribution 栏是准备和学习如何提交发布应用的地方。一共有两种发布方式:一种通过 App Store 发布,另一种通过 Ad Hoc 发布。这里只介绍 App Store 方式。

在 App Store 上正式发布销售,需要注意如图 8-27 的 4 个步骤:

(1) 发布证书申请。

(2) 发布配置文件。

(3) 发布编译环境。

(4) 通过 iTunes Connect 发布。

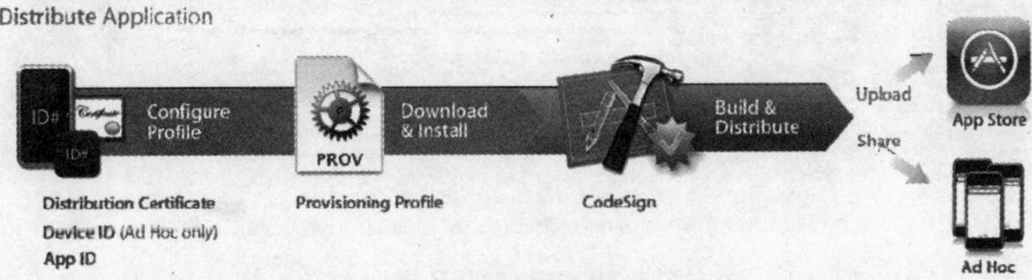

图 8-27 发布过程需要做的 4 个步骤

8.2.1 发布证书申请

为了能发布 iPhone OS 应用，需要有 iPhone 发布证书。

8.2.1.1 生成证书请求 CSR

申请证书之前，需要生成证书请求 CSR，请参见 8.1.1.1。

8.2.1.2 提交证书请求 CSR

(1) 登录 iPhone 开发者门户(iPhone Developer Program Portal)，选择"Certificates" —> "Distribution"，然后点击"Request Certificate"，如图 8-28 所示。

图 8-28 证书请求界面

(2) 点击"Choose File"，选择生成的 CSR 文件，再点击"Submit"。注意：如果在 CSR 生成时密钥没有设置为 2048 位，这时会被拒绝接受，如图 8-29 所示。

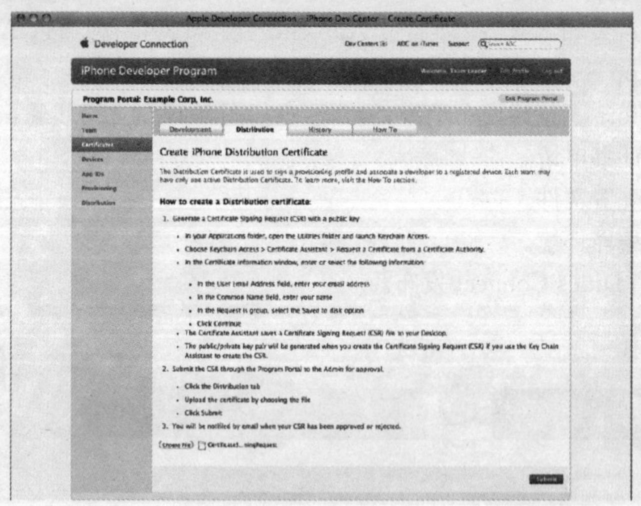

图 8-29 提交 CSR 界面

(3) 此后，再以管理员身份去批准这一证书请求，如图 8-30 所示。

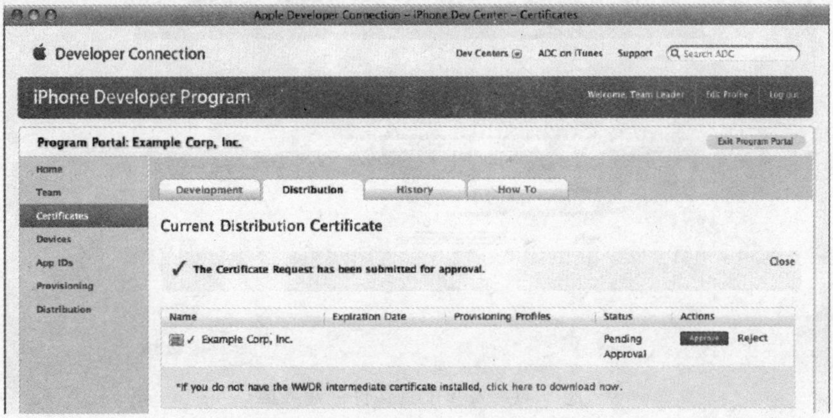

图 8-30　批准证书请求界面

8.2.1.3　下载安装发布证书

(1) 在证书请求得到批准后，就可以通过 iPhone 开发者门户中的“Certificates”—> Distribution 栏去下载证书了。点击 iPhone 开发证书旁的“Download”按钮，将证书下载到本机中。

(2) 双击下载的“.cer”文件，这将启动 Keychain Access 来安装证书。

8.2.2　发布配置

为了通过 Xcode 编译在 App Store 上发布的应用，需要创建和下载 App Store 发布配置文件。注意：用 App Store 发布配置文件编译的应用不允许直接在 Apple 设备上安装。

以下是创建发布配置文件具体步骤：

(1) 进入 iPhone 开发者门户的“Provisioning”栏，选择“Distribution”项，点击“Add Profile”。

(2) 选择“App Store”。

(3) 输入发布配置文件的名称。

(4) 确认 iPhone 发布证书已经生成了。

(5) 选择“App ID”。

(6) 点击“Submit”。

(7) 点击发布配置文件的名称，以下载“.mobileprovision”文件。

(8) 拖拽“.mobileprovision”文件到“Xcode”或“iTunes”，以安装到 Mac 机上，如图 8-31 所示。

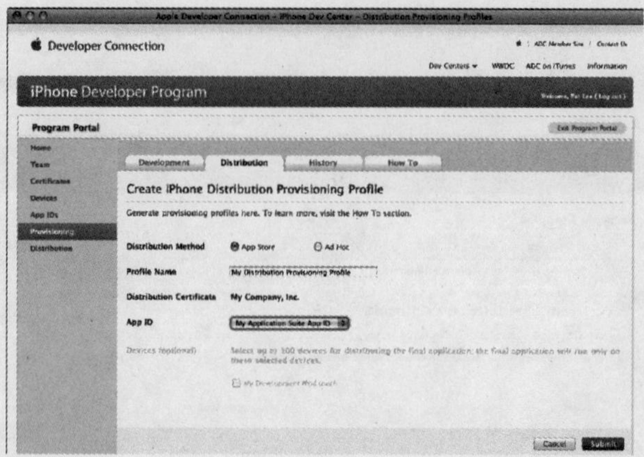

图 8-31　发布配置文件创建界面

以下是发布配置和准备的步骤：

(1) 启动“Xcode”，打开工程。

(2) 拖拽“. mobileprovision”文件到“Xcode”或“iTunes”，或拷贝文件到目录“～/Library/MobileDevice/Provisioning Profiles”下。

(3) 打开“Xcode project”，在“Info”窗中的“Configurations”项，复制“Release”配置，重命名到“Distribution”配置，如图 8-32 所示。

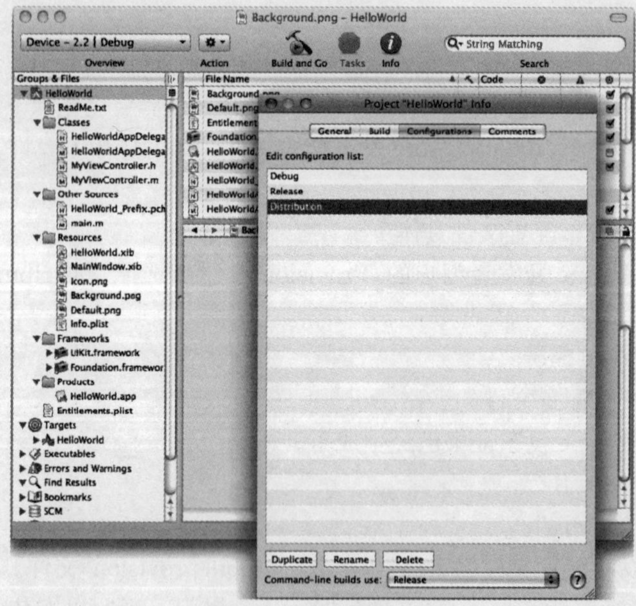

图 8-32　发布配置界面 1

(4) 在“Target Info”窗口，选择“Build”项，将“Configuration”设置为“Distribution”，如图 8-33 所示。

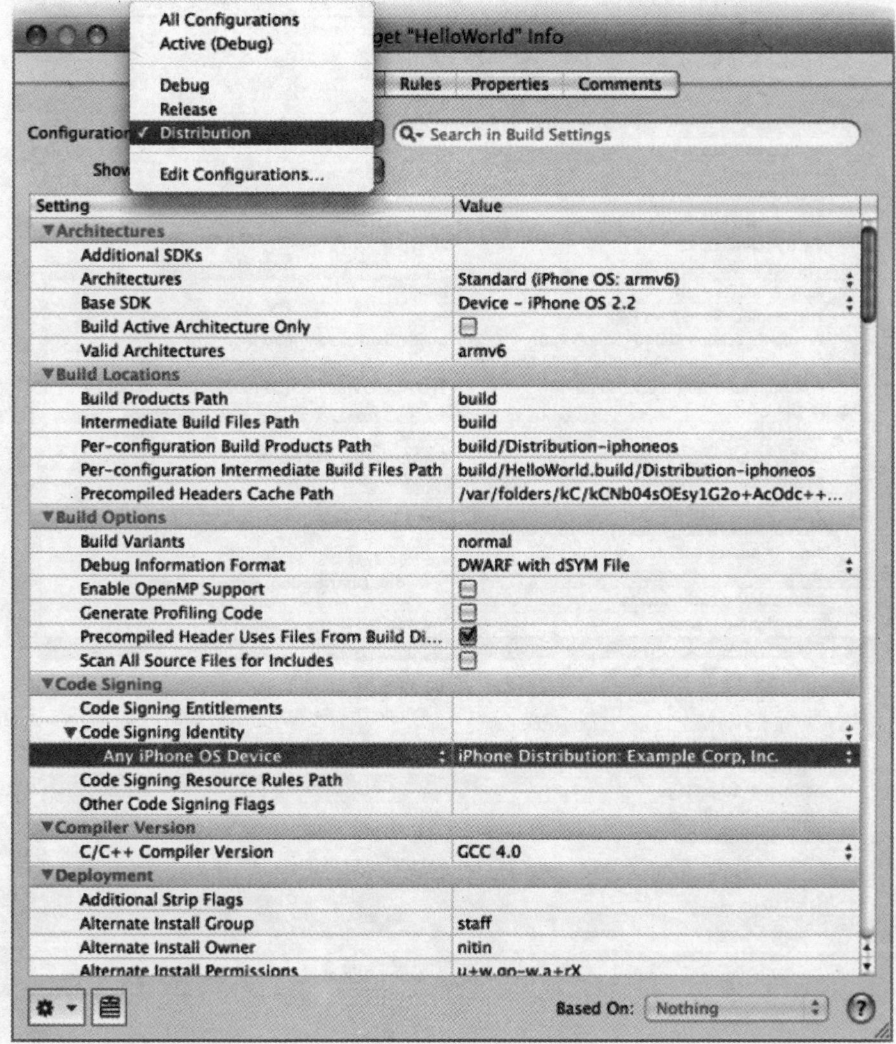

图 8-33 发布配置界面 2

(5) 在“Target Info”窗口，选择“Build”栏，点击 Code Signing Identity 下的“Any iPhone OS Device”，选择 iPhone 发布证书，如图 8-34 所示。

(6) 在“Target Info”窗口的“Properties”栏，输入 App ID 的 Bundle Identifier。如果 App ID 中采用了通配符，则可以用任何字符代替“*”，如图 8-35 所示。

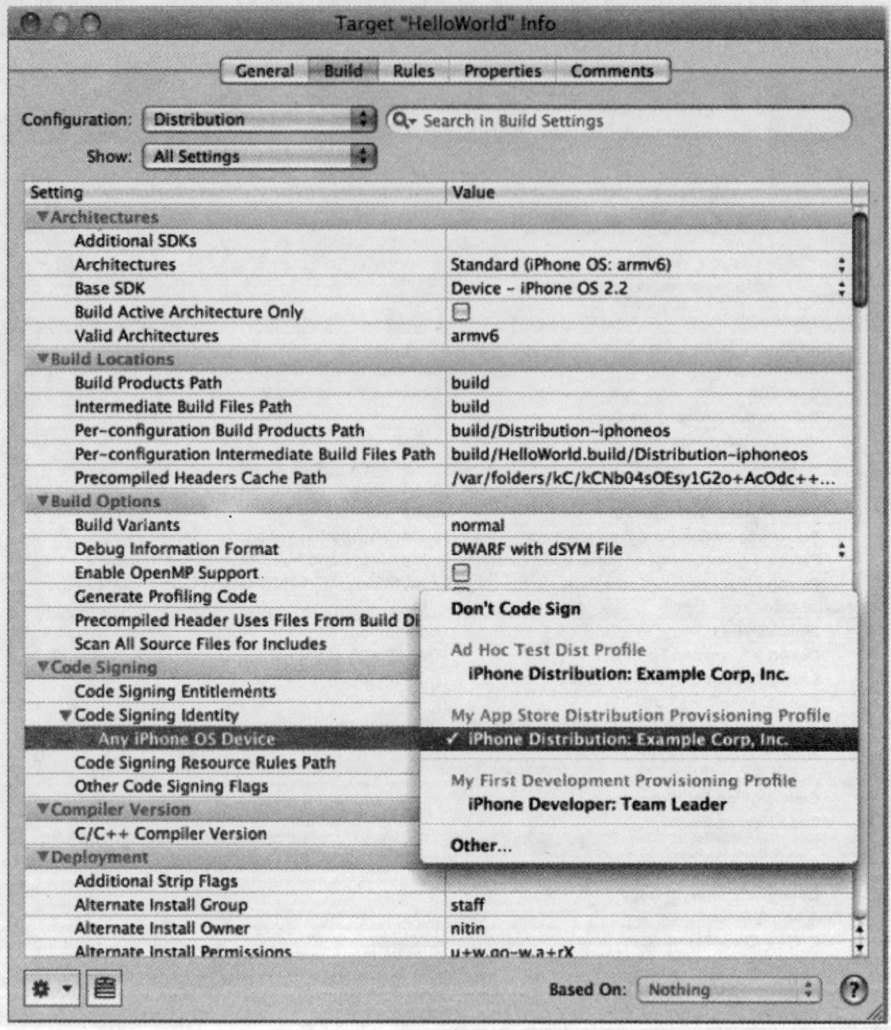

图 8-34　发布配置界面 3

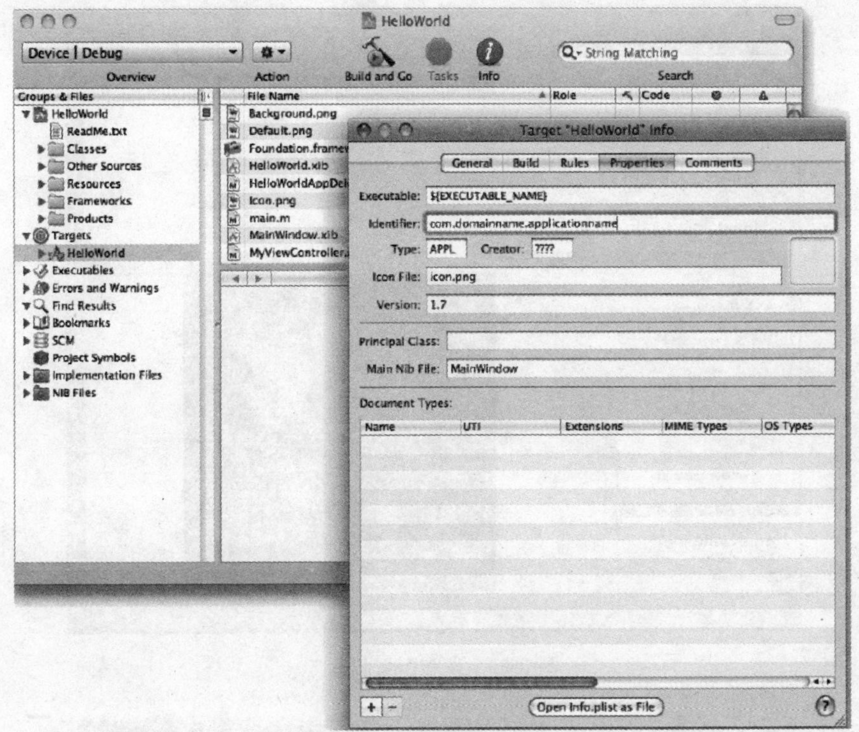

图 8-35 发布配置界面 4

以下是一些示例,说明如何在 Xcode 中填写 Identifier field。

示例 1 App ID:	A1B2C3D4E5. com. domainname. applicationname
在 Xcode 中的 Identifier:	com. domainname. applicationname
示例 2 App ID:	A1B2C3D4E5. com. domainname. *
在 Xcode 中的 Identifier:	com. domainname. <name_of_application>
示例 3 App ID:	A1B2C3D4E5. *
在 Xcode 中的 Identifier:	<name_of_application>

(7) 在 project 窗口,选择设备的合适 SDK,如图 8-36 所示。

(8) 点击"Build"。注意:代码中应该包含一个 57×57 像素的图标。

(9) 在"Products"中选择"app",再选择"Reveal in Finder",如图 8-37 所示。

(10) 在 Finder 中用 compress 功能压缩应用程序代码,生成". zip"文件。注意:只压缩". app"文件,而不是整个 build 目录。尽量采用 Finder 来压缩,而不是命令行方式,以避免产生问题,如图 8-38 所示。

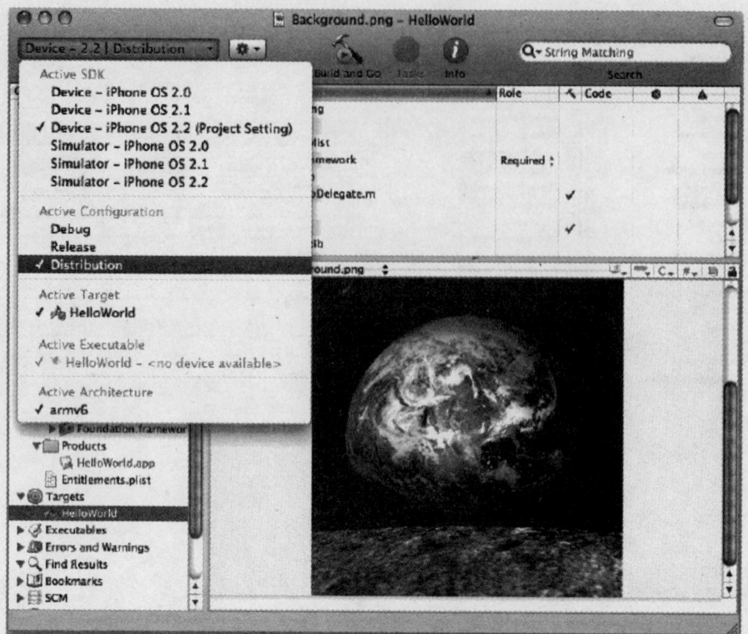

图 8-36　发布配置界面 5

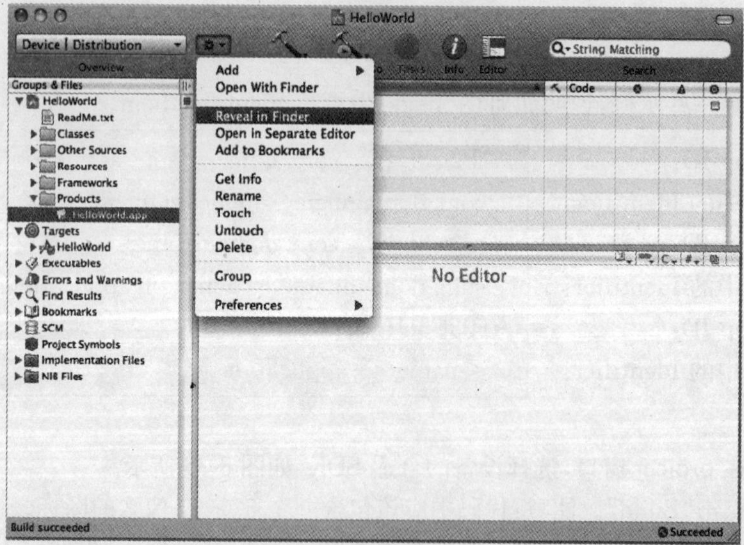

图 8-37　发布准备界面 1

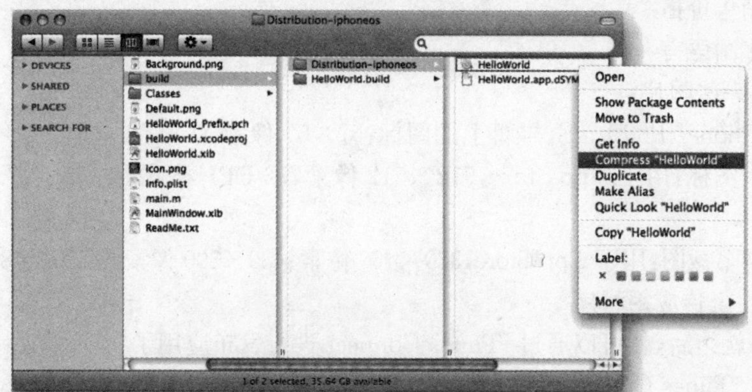

图 8-38 发布准备界面 2

8.2.3 通过 iTunes Connect 发布

8.2.3.1 准备工作

iTunes Connect 是一组基于 web 的工具，以帮助开发者提交和管理在 App Store 上进行销售的应用。在 iTunes Connect 中，可以查看合同的状态、管理用户以及提交应用等。开发者使用同 iPhone 开发者门户相同的一个 Apple ID 和 password，登录 iTunes Connect。

在提交收费应用之前，首先要与 Apple 签订商业协定，这样应用才能被真正地发布到 App Store 上。

其次，需要准备一些信息或数据：

- 应用名称
- 应用描述
- 可用设备(iPhone 或 iPod touch)
- 唯一识别码
- 主要类别
- 次要类别(可选)
- 分级
- 版本
- 版权所有者
- 支持 URL
- 支持 Email
- 准备发布的国家地区
- 发布时间

- 销售价格
- 多国语言

以及一些图片：

- iPhone/iPod touch 屏幕上的图标：57×57 像素。
- 大图标：用于 App Store，512×512 像素，72 DPI，格式为“.jpg”、“.jpeg”或“.tiff”。
- 屏幕截图：用于 App Store，320×460 像素、480×300 像素或 320×480 像素。

8.2.3.2 上传应用程序

准备就绪后，就可以通过 iTunes Connect 进行发布应用了。

登录 iTunes Connect 后的页面，如图 8-39 所示。

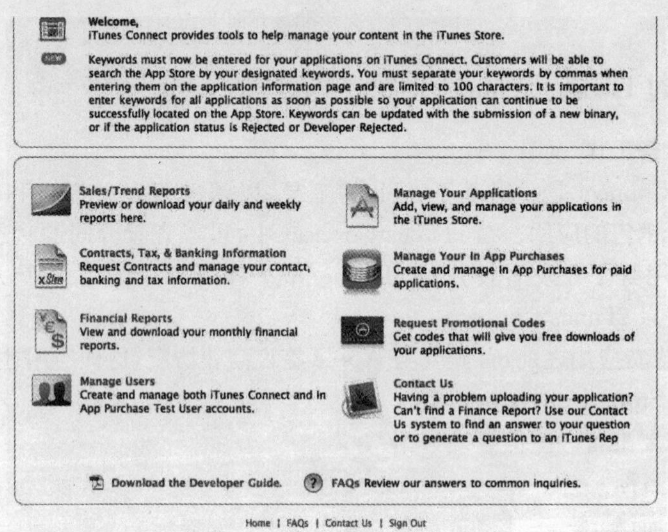

图 8-39 iTunes Connect 界面

此后，点击“Manage Your Applications”进行应用的管理，其中包括发布新应用。进行新应用的发布，首先要求确认有无保密信息，页面示意如图 8-40 所示。

一般情况下，请选择“无(No)”选项。

下面需要将前面准备的一些应用信息(包括名称、售价等)，填写在若干页面里，示意如图 8-41 所示。

所有信息、图片和二进制代码都上传完成后，就可以在“Manage Your Applications”应用管理中看到所上传的应用了，这时其状态是“In Review”(“待审查”)。需要等待 Apple 公司进行审查，通过审查后，应用就可以正式发布在 App Store 上销售了。

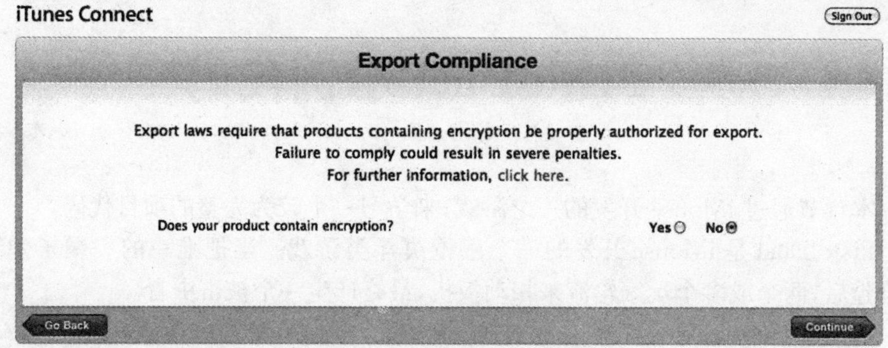

图 8-40 保密信息确认界面

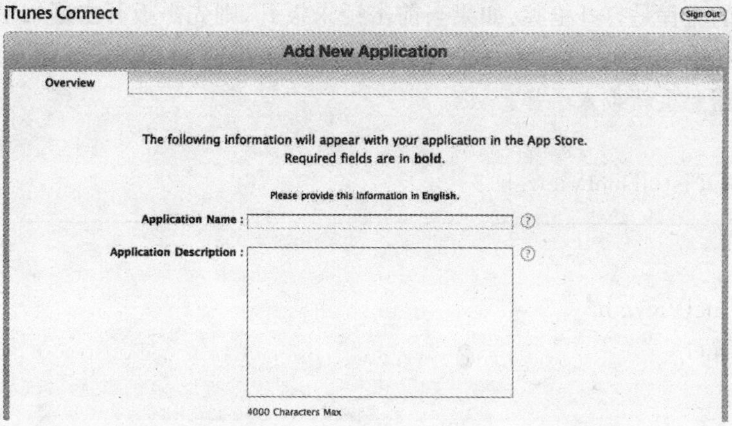

图 8-41 应用信息填写页面

本章小结

本章节带领读者了解和熟悉应用开发和发布，介绍了进行开发所需要用到的证书申请与配置，包括开发证书、发布证书、开发设备、App ID 和 iTunes Connect 等。在学习完本章后，读者应该对 iPhone 下应用的开发和发布有所了解，能够进行开发环境的配置，发布、销售最终的应用/游戏。

本章的部分内容参考了 iPhone SDK 中的相关文档，包括《iPhone Developer Program》、《iTunes Connect Developer Guide》等。希望读者在学习完本章之后，在以后的学习过程中继续深入阅读 iPhone SDK 中的相关文档。

9 PistolDuel 示例代码

本章节通过 iMouse 开发的一个游戏，来学习一个较为完整的项目代码。

PistolDuel 是 iMouse 开发的一个手枪决斗类游戏。当把唯一的一颗子弹装入枪膛后，两个或多个玩家轮流来扣动扳机，最终产生一个被击中者。

PistolDuel 游戏共有 5 个主要的类，其中 CartridgeView、PinView、BulletView、TriggerView 分别代表枪膛、击锤、子弹、扳机 4 个部分，而 PistolDuelView 则是它们的协调管理类。

游戏的流程是打开枪膛(如果当前击锤未扳开，则先需扳开击锤)、装入子弹、扳开击锤和扣动扳机。之后每次扣动扳机之前要确保已经扳开了击锤。当有人击中以后就需要重新载入子弹。

Listing 9-1 PistolDuelView. h

```
//
// PistolDuelView. h
// PistolDuel
//
// Created by Zhang Feng on 9/22/08.
// Copyright 2008 SJTU. All rights reserved.
//

#import <UIKit/UIKit. h>
#import "CartridgeView. h"
#import "PinView. h"
#import "BulletView. h"
#import "TriggerView. h"

@interface PistolDuelView : UIView {
    CartridgeView *cartridgeView;
    BulletView *bulletView;
```

```
    PinView * pinView;
    TriggerView * triggerView;

    NSNotificationCenter * _notify;
    int bulletPos;
    int bulletCnt;
    UIImageView * glassImageView;
    UIImageView * arrowImageView;

    int status;
}

@property (nonatomic, retain) CartridgeView * cartridgeView;
@property (nonatomic, retain) BulletView * bulletView;
@property (nonatomic, retain) PinView * pinView;
@property (nonatomic, retain) TriggerView * triggerView;
@property (nonatomic, retain) UIImageView * glassImageView;
@property (nonatomic, retain) UIImageView * arrowImageView;
@property int status;

- (BOOL) isPinForward;
- (BOOL) isCartridgeOut;
- (void) setArrowPosition:(CGPoint) center;
- (IBAction)showArrow;

@end
```

Listing 9-2 CartridgeView. h

```
//
// CartridgeView.h
// PistolDuel
//
// Created by Zhang Feng on 9/22/08.
// Copyright 2008 SJTU. All rights reserved.
//

#import <UIKit/UIKit.h>


@interface CartridgeView : UIView <UIAccelerometerDelegate> {
    BOOL isOut;
    int wheelCount;
    CGFloat orignalX;
    CGFloat orignalY;
    UIImage *cartridgeImage;
}

@property (nonatomic, retain) UIImage *cartridgeImage;
@property BOOL isOut;
@property CGFloat orignalX;
@property CGFloat orignalY;

- (void)changeImage;

@end
```

Listing 9-3 BulletView.h

```
//
// BulletView.h
// PistolDuel
//
// Created by Zhang Feng on 9/22/08.
// Copyright 2008 SJTU. All rights reserved.
//

#import <UIKit/UIKit.h>

@interface BulletView : UIView {
    UIImage *bulletImage;
    BOOL cartridgeOut;
}

@property (nonatomic, retain) UIImage *bulletImage;
@property BOOL cartridgeOut;

@end
```

Listing 9-4 PinView.h

```
//
// PinView.h
// PistolDuel
//
```

```
// Created by Zhang Feng on 9/22/08.
// Copyright 2008 SJTU. All rights reserved.
//

#import <UIKit/UIKit.h>


@interface PinView : UIView {
    UIImage *pinImage;
    bool pinReset;
}

@property (nonatomic, retain) UIImage *pinImage;
@property bool pinReset;

@end
```

Listing 9-5 TriggerView. h

```
//
// TriggerView.h
// PistolDuel
//
// Created by Zhang Feng on 9/22/08.
// Copyright 2008 SJTU. All rights reserved.
//

#import <UIKit/UIKit.h>
```

```
@interface TriggerView : UIView {
    UIImage * triggerImage;
    bool pinForward;
}

@property (nonatomic, retain) UIImage * triggerImage;
@property bool pinForward;

@end
```

Listing 9-6 PistolDuelView. h

```
//
// PistolDuelView. m
// PistolDuel builds and
// displays the primary user interface of the Pistol Duel application.
//
// Created by Zhang Feng on 9/22/08.
// Copyright 2008 SJTU. All rights reserved.
//
#import <QuartzCore/QuartzCore. h>
#import <time. h>
#import "PistolDuelView. h"
#import "SoundEffect. h"
#import "constants. h"

@interface PistolDuelView ()
```

```
@property int bulletPos;
@property int bulletCnt;
@end

@interface PistolDuelView (PrivateMethods)
- (void)setupSubviews;
@end

@implementation PistolDuelView

@synthesize bulletPos;
@synthesize bulletCnt;
@synthesize cartridgeView;
@synthesize bulletView;
@synthesize pinView;
@synthesize triggerView;

@synthesize glassImageView;
@synthesize arrowImageView;

@synthesize status;


#pragma mark -
#pragma mark === Set up/Tear down ===
#pragma mark -

- (id)initWithCoder:(NSCoder *)coder {
    if (self = [super initWithCoder:coder]) {

        status = PULL_CARTRIDGE;

            // set up views
```

```
        [self setupSubviews];
        self. backgroundColor = [UIColor blackColor];
    }
    return self;
}


// Assemble the interface
- (void)setupSubviews {

    CGFloat centerX, centerY;

    // Create the trigger view
    TriggerView *aTriggerView = [[TriggerView alloc] init];
    self. triggerView = aTriggerView;
    [aTriggerView release];
    centerX = kTriggerBaseX;
    centerY = kTriggerBaseY;
    triggerView. center = CGPointMake(centerX, centerY);
    [self addSubview:triggerView];


    // Create the pin view
    PinView *aPinView = [[PinView alloc] init];
    self. pinView = aPinView;
    [aPinView release];
    centerX = kPinBaseX;
    centerY = kPinBaseY;
    pinView. center = CGPointMake(centerX, centerY);
    [self addSubview:pinView];


    // set up skeleton image
    UIImageView *pistolSkeleton = [[UIImageView alloc]
```

```
                                          initWithImage:[UIImage
                                          imageNamed:@"skeleton.png"]];
    pistolSkeleton.center = self.center;
    pistolSkeleton.opaque = YES;
    [self addSubview:pistolSkeleton];
    [pistolSkeleton release];

    // Create the cartridge view
    CartridgeView *aCartridgeView = [[CartridgeView alloc] init];
    self.cartridgeView = aCartridgeView;
    [aCartridgeView release];
    centerX = kCartridgeBaseX;
    centerY = kCartridgeBaseY;
    cartridgeView.center = CGPointMake(centerX, centerY);
    [self addSubview:cartridgeView];

    // Create the bullet view
    BulletView *aBulletView = [[BulletView alloc] init];
    self.bulletView = aBulletView;
    [aBulletView release];
    centerX = kBulletBaseX;
    centerY = kBulletBaseY;
    bulletView.center = CGPointMake(centerX, centerY);
    [self addSubview:bulletView];


    arrowImageView = [[UIImageView alloc]
                            initWithImage:[UIImage imageNamed:@"arrow_
                            down.png"]];
    arrowImageView.opaque = NO;
    arrowImageView.alpha = 0;
    [self addSubview:arrowImageView];
    [arrowImageView release];
```

```
glassImageView = [[UIImageView alloc]
                  initWithImage:[UIImage imageNamed:@"glass.png"]];
glassImageView.opaque = NO;
glassImageView.alpha = 0;
[self addSubview:glassImageView];
[glassImageView release];


UIButton *infoButton = [UIButton buttonWithType:UIButtonTypeInfoLight];
infoButton.frame = CGRectMake(10, 420, 44, 44);
[infoButton addTarget:self
    action:@selector(showArrow)
    forControlEvents:UIControlEventTouchUpInside];
[self addSubview:infoButton];

_notify = [NSNotificationCenter defaultCenter];
[_notify addObserver:self
    selector:@selector(eventPinForward:)
    name:kNotificationPinForward
    object:nil];
[_notify addObserver:self
    selector:@selector(eventTriggerReset:)
    name:kNotificationTriggerReset
    object:nil];
[_notify addObserver:self
    selector:@selector(eventCartridgeOut:)
    name:kNotificationCartridgeOut
    object:nil];
[_notify addObserver:self
    selector:@selector(eventCartridgeIn:)
    name:kNotificationCartridgeIn
    object:nil];
[_notify addObserver:self
    selector:@selector(eventBulletIn:)
```

```
            name:kNotificationBulletIn
            object:nil];
        [_notify addObserver:self
            selector:@selector(eventFire:)
            name:kNotificationFire
            object:nil];


        srand(time(NULL));
        bulletPos = 1 + rand() % 6;
        bulletCnt = -1;
}


- (void)dealloc {
        [glassImageView release];
        [cartridgeView release];
        [bulletView release];
        [pinView release];
        [triggerView release];
        [super dealloc];
}


- (void) eventPinForward: (NSNotification *)notification {
        CATransform3D rotationTransform = CATransform3DIdentity;
        rotationTransform = CATransform3DRotate(rotationTransform,
                                    DegreesToRadians(-kPinAngle), 0.0, 0.0, 1.0);
        pinView.layer.transform = rotationTransform;

        if (pinView.pinReset)
            [cartridgeView changeImage];

        pinView.pinReset = FALSE;
```

```
    status = RESET_PIN;

}

- (void) eventTriggerReset: (NSNotification *)notification {
    if (triggerView.pinForward) {
      CATransform3D rotationTransform = CATransform3DIdentity;
      triggerView.layer.transform = rotationTransform;
      triggerView.pinForward = FALSE;

      if (bulletCnt >= 0)
        status = PULL_TRIGGER;
      else
        status = PULL_CARTRIDGE;

    }

}

- (void) eventCartridgeOut: (NSNotification *)notification {

    cartridgeView.isOut = TRUE;
    bulletView.cartridgeOut = TRUE;

    if (bulletCnt >= 0)
      status = PUSH_CARTRIDGE;
    else
      status = PUSH_BULLET;

}

- (void) eventCartridgeIn: (NSNotification *)notification {
```

```
    cartridgeView.isOut = FALSE;
    bulletView.cartridgeOut = FALSE;

    if (bulletCnt >= 0)
        status = PULL_TRIGGER;
    else
        status = PULL_CARTRIDGE;

}


- (void) eventBulletIn: (NSNotification *)notification {

    bulletCnt = 0;

    status = PUSH_CARTRIDGE;

}

- (void) eventFire: (NSNotification *)notification {
    if (bulletCnt >= 0 && ++bulletCnt == bulletPos) {
        self.userInteractionEnabled = NO;
        int bulletX = 50 + rand() % 100;
        int bulletY = 130 + rand() % 350;
        glassImageView.center = CGPointMake(bulletX, bulletY);
        glassImageView.alpha = 1;


            [UIView beginAnimations:nil context:NULL];
            [UIView setAnimationDuration:5];
            glassImageView.alpha = 0;
            [UIView setAnimationDelegate:self];
            [UIView setAnimationDidStopSelector:
                    @selector(resetView:finished:context:)];
```

```
        [UIView commitAnimations];

    }
}

- (BOOL) isPinForward {
    return triggerView. pinForward;
}

- (BOOL) isCartridgeOut {
    return cartridgeView. isOut;
}


- (void) resetView:(NSString *)animationID
   finished:(BOOL)finished context:(void *)context {
   bulletCnt = -1;
   bulletPos = 1 + rand() % 6;
   bulletView. transform = CGAffineTransformIdentity;
   bulletView. cartridgeOut = FALSE;
   cartridgeView. isOut = FALSE;

    cartridgeView. orignalX = -100;
    cartridgeView. orignalY = -100;

    bulletView. center = CGPointMake(kBulletBaseX, kBulletBaseY);
    [self addSubview:bulletView];

    self. userInteractionEnabled = YES;
}


- (void) setArrowPosition:(CGPoint) center {
    arrowImageView. center = center;
```

```
}


- (IBAction)showArrow {

    switch (status) {
        case PULL_CARTRIDGE: case PUSH_CARTRIDGE:
            arrowImageView.center =
                CGPointMake(cartridgeView.center.x + 10,
                            cartridgeView.center.y - 35);
            break;
        case RESET_PIN:
            arrowImageView.center =
                CGPointMake(pinView.center.x + 10,
                            pinView.center.y - 45);
            break;
        case PULL_TRIGGER:
            arrowImageView.center = triggerView.center;
            break;
        case PUSH_BULLET:
            arrowImageView.center =
                CGPointMake(bulletView.center.x - 10,
                            bulletView.center.y - 40);
            break;
        default:
            break;
    }


    [UIView beginAnimations:nil context:NULL];
    [UIView setAnimationDuration:2];
    arrowImageView.alpha = 1;
    [UIView setAnimationDelegate:self];
    [UIView setAnimationDidStopSelector:
```

```
        @selector(moveArrow:finished:context:)];
    [UIView commitAnimations];


}

- (void) moveArrow:(NSString *)animationID
    finished:(BOOL)finished context:(void *)context {
    arrowImageView.alpha = 0;
}

@end
```

Listing 9-7 CartridgeView.h

```
//
// CartridgeView.m
// PistolDuel
//
// Created by Zhang Feng on 9/22/08.
// Copyright 2008 SJTU. All rights reserved.
//
#import <QuartzCore/QuartzCore.h>
#import "PistolDuelView.h"
#import "CartridgeView.h"
#import "constants.h"

#define outAnchorX   0.5
```

```
#define outAnchorY  0.7

#define inAnchorX  0.5
#define inAnchorY  0.5

#define outCartridge @"cartridgeOut.png"
#define orignalCartridge @"cartridgeIn2.png"
#define wheelCartridge @"cartridgeIn1.png"

@interface CartridgeView ()
@property int wheelCount;
@end

@implementation CartridgeView

@synthesize isOut;
@synthesize orignalX;
@synthesize orignalY;
@synthesize cartridgeImage;
@synthesize wheelCount;

- (id) init{
    UIImage *image =[UIImage imageNamed:orignalCartridge];
    CGRect frame = CGRectMake(0, 0, 1.07 * image.size.width, image.size.
height);

    if (self = [super initWithFrame:frame]) {
      self.opaque = NO;
      cartridgeImage = image;
      self.layer.anchorPoint = CGPointMake(outAnchorX, outAnchorY);
      isOut = FALSE;
      wheelCount = 0;

      // Configure and start the accelerometer
```

```
    [[UIAccelerometer sharedAccelerometer]
            setUpdateInterval:(1.0 / kAccelerometerFrequency)];
    [[UIAccelerometer sharedAccelerometer] setDelegate:self];
    }

    return self;
}


- (void)drawRect:(CGRect)rect {
    // Drawing code
    [cartridgeImage drawAtPoint:CGPointMake(0,0)];
}


- (void)dealloc {
    [cartridgeImage release];
        [super dealloc];
}


- (void)touchesBegan:(NSSet *)touches withEvent:(UIEvent *)event {
    UITouch *touch = [touches anyObject];
    CGPoint location = [touch locationInView:self.superview];

    orignalX = location.x;
    orignalY = location.y;

}


- (void)touchesMoved:(NSSet *)touches withEvent:(UIEvent *)event {
    UITouch *touch = [[event allTouches] anyObject];
        CGPoint location = [touch locationInView:self.superview];

    if (isOut && fabs(location.x - orignalX) <= 10 &&
```

```
            fabs(location.y - orignalY) >= 40) {
        UIImage *image =[UIImage imageNamed:orignalCartridge];
        self.layer.anchorPoint = CGPointMake(outAnchorX, outAnchorY);
        cartridgeImage = image;
        [self setNeedsDisplay];

        orignalX = orignalY = -100;

        [[NSNotificationCenter defaultCenter]
                postNotificationName:kNotificationCartridgeIn object:nil];

    }
    else if (! isOut && ! [(PistolDuelView *)[self superview] isPinForward]) {
        [self changeImage];
    }


}


- (void)touchesEnded:(NSSet *)touches withEvent:(UIEvent *)event {

    UITouch *touch = [touches anyObject];

    CGPoint location = [touch locationInView:self.superview];

    if ( ! isOut &&
            ! [(PistolDuelView *)[self superview] isPinForward] &&
            fabs(location.x - orignalX) <= 10 &&
            fabs(location.y - orignalY) <= 10) {
        UIImage *image =[UIImage imageNamed:outCartridge];
        self.layer.anchorPoint = CGPointMake(inAnchorX, inAnchorY);
        cartridgeImage = image;
        [self setNeedsDisplay];
```

```
        [[NSNotificationCenter defaultCenter]
            postNotificationName:kNotificationCartridgeOut object:nil];


    }


    orignalX = orignalY = -100;
}

// UIAccelerometerDelegate method, called when the device accelerates.
- (void)accelerometer:(UIAccelerometer *)accelerometer
        didAccelerate:(UIAcceleration *)acceleration {
    if (isOut &&
      (fabs(acceleration.x) + fabs(acceleration.y) + fabs(acceleration.z) >= 5))
    {
      UIImage *image =[UIImage imageNamed:orignalCartridge];
      self.layer.anchorPoint = CGPointMake(outAnchorX, outAnchorY);
      cartridgeImage = image;
      [self setNeedsDisplay];

      orignalX = orignalY = -100;


    [[NSNotificationCenter defaultCenter]
        postNotificationName:kNotificationCartridgeIn object:nil];


    }
    else if (! isOut &&
      (fabs(acceleration.x) + fabs(acceleration.y) + fabs(acceleration.z) >= 5))
      {
        UIImage *image =[UIImage imageNamed:outCartridge];
        self.layer.anchorPoint = CGPointMake(inAnchorX, inAnchorY);
```

```
        cartridgeImage = image;
        [self setNeedsDisplay];

        orignalX = orignalY = -100;

        [[NSNotificationCenter defaultCenter]
            postNotificationName:kNotificationCartridgeOut object:nil];
    }

}

- (void)changeImage {
    wheelCount++;

    if (wheelCount % 2)
        cartridgeImage = [UIImage imageNamed:wheelCartridge];
    else
        cartridgeImage = [UIImage imageNamed:orignalCartridge];

    [self setNeedsDisplay];

    orignalX = orignalY = -100;
}


@end
```

Listing 9-8 BulletView. h

```
//
```

```
// BulletView.m
// PistolDuel
//
// Created by Zhang Feng on 9/22/08.
// Copyright 2008 SJTU. All rights reserved.
//

#import "PistolDuelView.h"
#import "BulletView.h"
#import "constants.h"

@implementation BulletView


@synthesize bulletImage;
@synthesize cartridgeOut;

- (id) init{
    UIImage *image =[UIImage imageNamed:@"bullet.png"];
    CGRect frame = CGRectMake(0, 0, 1.5 * image.size.width, 2 * image.
size.height);

    if (self = [super initWithFrame:frame]) {
        self.opaque = NO;
        bulletImage = image;
      cartridgeOut = FALSE;
    }

    return self;
}


- (void)drawRect:(CGRect)rect {
```

```
    // Drawing code
    [bulletImage drawAtPoint:CGPointMake(0,0)];
}


- (void)dealloc {
    [bulletImage release];
    [super dealloc];
}



- (void)touchesMoved:(NSSet *)touches withEvent:(UIEvent *)event {

    UITouch *touch = [touches anyObject];

    CGPoint location = [touch locationInView:self.superview];

    if (location.y < 20)
        location.y = 20;
    else if (location.x < 20)
        location.x = 20;
    else if (location.y > 470)
        location.y = 470;
    else if (location.x > 310)
        location.x = 310;

    self.center = location;

}

- (void)touchesEnded:(NSSet *)touches withEvent:(UIEvent *)event {
    CGFloat x = kCartridgeBaseX;
```

```
    CGFloat y = kCartridgeBaseY + 20;
    [(PistolDuelView *)[self superview] setArrowPosition:CGPointMake(x, y)];

    UITouch *touch = [touches anyObject];

    CGPoint location = [touch locationInView:self.superview];

    if (cartridgeOut && (location.y <= 240) && (location.y >= 160) &&
            (location.x >= 250) && (location.x <= 320) ) {
        self.userInteractionEnabled = NO;
        [UIView beginAnimations:nil context:NULL];
        [UIView setAnimationDuration:BULLET_ANIMATION_DURATION
SECONDS];
        [UIView setAnimationDelegate:self];
        [UIView setAnimationDidStopSelector:
            @selector(bulletAnimationDidStop:finished:context:)];
        CGAffineTransform transform = CGAffineTransformMakeScale(1.5, 1.5);
        self.transform = transform;
        self.center = CGPointMake(280, 200);
        [UIView commitAnimations];

        [[NSNotificationCenter defaultCenter]
            postNotificationName:kNotificationBulletIn object:nil];
    }
}


- (void)bulletAnimationDidStop:(NSString *)animationID
    finished:(BOOL)finished context:(void *)context {
    self.userInteractionEnabled = YES;
    [self removeFromSuperview];
}
```

```
@end
```

Listing 9-9 PinView. h

```
//
// PinView. m
// PistolDuel
//
// Created by Zhang Feng on 9/22/08.
// Copyright 2008 SJTU. All rights reserved.
//

#import <QuartzCore/QuartzCore. h>
#import "PistolDuelView. h"
#import "pinView. h"
#import "constants. h"


@implementation PinView

@synthesize pinReset;
@synthesize pinImage;

- (id) init{
    UIImage * image = [UIImage imageNamed:@"pin. png"];
    CGRect frame = CGRectMake(0, 0, 4 * image. size. width, 4 * image. size.
height);

    if (self = [super initWithFrame:frame]) {
        self. opaque = NO;
        pinImage = image;
```

```
        // move the anchor point to the top middle of the bounds,
        // so rotations occur around that point
        self. layer. anchorPoint = CGPointMake(0. 0, 1. 0);
        pinReset = TRUE;
    }

    return self;
}


- (void)drawRect:(CGRect)rect {
    // Drawing code
    [pinImage drawAtPoint:CGPointMake(0. 0, 3 * pinImage. size. height)];
}


- (void)dealloc {
    [pinImage release];
    [super dealloc];
}



- (void)touchesMoved:(NSSet * )touches withEvent:(UIEvent * )event {
    [self. layer removeAllAnimations];

      UITouch * touch = [[event allTouches] anyObject];
          CGPoint location = [touch locationInView:self. superview];

          CGFloat radians = atan2f(location. y - kPinBaseY, location. x -
kPinBaseX);
          CGFloat rotation = RadiansToDegrees(radians) + 35;
```

```
        // keep arm from being dragged beyond the maximum displacement
        if (rotation > kPinAngle) {
        rotation = kPinAngle;

        if (!pinReset && ![(PistolDuelView *)[self superview]
            isCartridgeOut]) {
            CATransform 3D rotationTransform = CATransform3DIdentity;
            rotationTransform = CATransform 3DRotate(rotationTransform,
                DegreesToRadians(rotation), 0.0, 0.0, 1.0);
            self.layer.transform = rotationTransform;

            pinReset = TRUE;
        }
    } else if (rotation < -kPinAngle) {
        rotation = -kPinAngle;
    }



    if (pinReset) {
        [[NSNotificationCenter defaultCenter]
            postNotificationName:kNotificationTriggerReset object:nil];
    }
    else {
        CATransform3D rotationTransform = CATransform3DIdentity;
        rotationTransform = CATransform3DRotate(rotationTransform,
            DegreesToRadians(rotation), 0.0, 0.0, 1.0);
        self.layer.transform = rotationTransform;
    }

}
```

```
@end
```

Listing 9-10 TriggerView. h

```
//
// TriggerView. m
// PistolDuel
//
// Created by Zhang Feng on 9/22/08.
// Copyright 2008 SJTU. All rights reserved.
//

#import <QuartzCore/QuartzCore. h>
#import "PistolDuelView. h"
#import "TriggerView. h"
#import "constants. h"

// Private interface, methods used only internally.
@interface TriggerView (PrivateMethods)
- (void)rotateTriggerToDegree:(CGFloat)positionInDegrees;
@end

@implementation TriggerView

@synthesize pinForward;
@synthesize triggerImage;

- (id) init{
    UIImage *image = [UIImage imageNamed:@"trigger. png"];
    CGRect frame = CGRectMake(0, 0, image. size. width, 2 * image. size.
```

```
height);

    if (self = [super initWithFrame:frame]) {
        self.opaque = NO;
        triggerImage = image;
        // move the anchor point to the top middle of the bounds,
        // so rotations occur around that point
        self.layer.anchorPoint = CGPointMake(0.5, 0.0);
        pinForward = FALSE;
    }

    return self;
}


- (void)drawRect:(CGRect)rect {
    // Drawing code
    [triggerImage drawAtPoint:CGPointMake(0,0)];
}

- (void)dealloc {
    [triggerImage release];
    [super dealloc];
}


- (void)touchesMoved:(NSSet *)touches withEvent:(UIEvent *)event {

        UITouch *touch = [[event allTouches] anyObject];
        CGPoint location = [touch locationInView:self.superview];

        CGFloat radians = atan2f(location.y - kTriggerBaseY,
            location.x - kTriggerBaseX);
```

```
    CGFloat rotation = RadiansToDegrees(radians) - 90.0;
    [self rotateTriggerToDegree:rotation];

}

- (void)rotateTriggerToDegree:(CGFloat)positionInDegrees {
    [self.layer removeAllAnimations];

    // keep arm from being dragged beyond the maximum displacement
    if (positionInDegrees > kTriggerAngle) {
        positionInDegrees = kTriggerAngle;
    } else if (positionInDegrees < -kTriggerAngle) {
        positionInDegrees = -kTriggerAngle;

    if (!pinForward && ![(PistolDuelView *)[self superview] isCartridgeOut]
)
    {
        CATransform3D rotationTransform = CATransform3DIdentity;
        rotationTransform = CATransform3DRotate(rotationTransform,
            DegreesToRadians(positionInDegrees), 0.0, 0.0, 1.0);
        self.layer.transform = rotationTransform;

        pinForward = TRUE;

        [[NSNotificationCenter defaultCenter]
            postNotificationName:kNotificationFire object:nil];
    }
}


// tell pin view to animate to forward
if (pinForward && ![(PistolDuelView *)[self superview] isCartridgeOut])
    [[NSNotificationCenter defaultCenter]
        postNotificationName:kNotificationPinForward object:nil];
```

```
else {
        CATransform3D rotationTransform = CATransform3DIdentity;
        rotationTransform = CATransform3DRotate(rotationTransform,
            DegreesToRadians(positionInDegrees), 0.0, 0.0, 1.0);
        self.layer.transform = rotationTransform;
    }

}

@end
```

本章小结

本章节通过一个实例代码，带领读者学习实际应用的代码编写。希望读者在学习完本章之后，在以后的学习过程中深入学习其他相关的技术与方法，如概念设计、用户UI、项目管理等，这样一定会对你的应用开发有很大的帮助。

参 考 文 献

[1] Gary Bennett, Wolfgang Ante, Mike Ash, Benjamin Jackson, Neil Mix, Steven Peterson, Matthew "Canis" Rosenfeld. iPhone Cool Projects [M]. USA: Apress. 2009.

[2] Jonatban Zdziarski. iPhone SDK Application Development [M]. USA: O'REILLy. 2009.

[3] OpenGL Architecture Review Board, Dave Shreiner, Mason Woo, Jackie Neider, Tom Davis. OpenGL Programming Guide, 6th Edition [M]. USA: Pearson Education. 2008.

[4] Dave Mark, Jeff LaMarche. Beginning iPhone Development: Exploring the iPhone SDK [M]. USA: Apress. 2009.

[5] Dave Mark, Series Editor, PJ Cabrera. iPhone Games Projects [M]. USA: APress. 2009.

[6] Mark Dalrymple, Scott Knaster,译者:高朝勤,Objective-C 基础教程,人民邮电出版社,2009.

[7] iPhone OS Programming Guide, Apple, 2008.

[8] iPhone SDK Download Notes, Apple, 2008.

[9] The Objective-C 2.0 Programming Language, Apple, 2008.

[10] Memory Management Programming Guide for Cocoa, Apple, 2008.

[11] Jachim Bondo, Dylan Bruzenak, Stevn Finkelstein, Owen Goss, Tom Harrington, Peter Honeder, Florian Plug 等, iPhone Advanced Projects, Apress, 2009.

[12] A Tour of Xcode, Apple, 2008.

[13] Interface Builder User Guide, Apple, 2008.

[14] iPhone Human Interface Guidelines, Apple, 2008.

[15] iPhone Application Programming Guide, Apple, 2008.

[16] Table View Programming Guide for iPhone OS, Apple, 2008.

[17] CFNetwork Programming Guide, Apple, 2008.

[18] Media Player Framework Reference, Apple, 2008.

[19] CFNetwork Framework Reference, Apple, 2008.

[20] Instruments User Guide, Apple, 2008.

[21] Shark User Guide, Apple, 2008.

[22] iPhone Developer Program, Apple, 2008.

[23] iTunes Connect Developer Guide, Apple, 2008

参考文献

[1] [illegible]
[2] Jonathan Zittrain. [illegible] 2006.
[3] [illegible]
[4] [illegible]
[5] [illegible]
[6] [illegible]
[7] [illegible]
[8] [illegible], 2008.
[9] [illegible]
[10] [illegible]
[11] [illegible]
[12] [illegible]
[13] [illegible]
[14] [illegible]
[15] [illegible]
[16] [illegible]
[17] [illegible]
[18] [illegible], 2006.
[19] [illegible]
[20] [illegible]
[21] [illegible]
[22] [illegible]
[23] [illegible]